Ana Inés Pais

Regeneración de leñosas nativas del Chaco Serrano en Argentina

Ana Inés Pais

Regeneración de leñosas nativas del Chaco Serrano en Argentina

Relaciones con el límite superior de bosques

PUBLICIA

Impressum / Aviso legal
Bibliografische Information der Deutschen Nationalbibliothek: Die Deutsche Nationalbibliothek verzeichnet diese Publikation in der Deutschen Nationalbibliografie; detaillierte bibliografische Daten sind im Internet über http://dnb.d-nb.de abrufbar.

Información bibliográfica de la Deutsche Nationalbibliothek: La Deutsche Nationalbibliothek clasifica esta publicación en la Deutsche Nationalbibliografie; los datos bibliográficos detallados están disponibles en internet en http://dnb.d-nb.de.

Coverbild / Imagen de portada: www.ingimage.com

Verlag / Editorial:
PUBLICIA
ist ein Imprint der / es una marca de
OmniScriptum GmbH & Co. KG
Bahnhofstraße 28, 66111 Saarbrücken, Deutschland / Alemania
Email / Correo Electrónico: info@omniscriptum.com

Herstellung: siehe letzte Seite /
Publicado en: consulte la última página
ISBN: 978-3-8416-8308-3

Zugl. / Aprobado por: Córdoba, Argentina, Universidad Nacional de Córdoba, Tesis Doctoral, 2015

Agradecimientos

A las instituciones que hicieron posible la realización de esta Tesis: Inter-American Institute for Global Change Research (IAI) CRNII-2005, Instituto Multidisciplinario de Biología Vegetal (IMBIV-CONICET), Universidad Nacional de Córdoba (UNC) y a la Universidad Nacional de Catamarca (UNCa).

Muchas gracias a los miembros del tribunal evaluador, Dr. Daniel Renison, Dr. Eduardo Martínez Carretero y Dr. Martín Videla por los valiosos aportes y sugerencias realizadas durante el desarrollo del trabajo, que sin duda permitieron mejorarlo.

A mi director, Marcelo Cabido, por sus enseñanzas y su apoyo a lo largo de este largo camino.

A Guillermo Funes, quien hizo las veces de co-director, ayudándome desinteresadamente a tomar decisiones y sacándome dudas que surgían muy a menudo.

A Daniel Renison, por ayudarme permanentemente con consejos; también por llevarme a sus viajes de campo y del voluntariado para recoger semillas de las especies con las que realicé los experimentos. ¡Muchas gracias por donarme las plántulas de *Polylepis australis* para los experimentos!

A toda la gente que me ayudó y acompañó en los trabajos de campo: Meli Giorgis, Pau Venier, Axel Von Muller, Gato Funes, Pau Marcora, Seba Zeballos. A Romi Torres por su buena predisposición cada vez que tuve dudas sobre temas referidos a los experimentos.

A aquellas personas que quizás sin saberlo, me ayudaron muchísimo en la parte anímica, simplemente con charlas, almuerzos, compañía: Pau Venier, Pau Marcora, Pau Tecco, Adri Pérez, Euge Marcotti, Sol Pérez.

A Meli Giorgis, Viqui Vaieretti y Ani Ferreras, que le dieron un 1er vistazo a un borrador muy preliminar, ayudándome a darle un poco más de forma. A Pau Marcora y Pau Tecco por ayudarme a mejorar el manuscrito y acercarme a la versión final del mismo.

Quiero agradecer especialmente a Paula Tecco. Sin su constante guía, consejos, enseñanzas e incluso retos, aún me encontraría intentando resolver cómo iniciar los experimentos. Pero más allá de la parte formativa, lo que más agradezco es su aliento permanente, su calidez y su compañía tan amena en cada reunión o viaje realizado. ¡Estaré por siempre agradecida!

Una mención especialísima para el glorioso Club Más Social que Deportivo MUSETAS, génesis de grandes amistades. Una de las principales razones por las que duele la lejanía de la querida Córdoba. Gracias Pauli por invitarme a formar parte, justo en mi 1er año en esta provincia, cuando todo era más difícil…

A las 2 estrellitas que están en el cielo, a quienes extraño mucho siempre.

A quienes me acompañan en el día a día, a mis amigas y a mi familia toda, en especial a mi mamá, a quien dedico esta Tesis.

Índice general

Capítulo IV. Efecto conjunto de la temperatura y la herbivoría en la supervivencia y crecimiento de renovales

Capítulo V. Discusión General y Conclusiones

Índice de tablas y figuras

Capítulo IV. Efecto conjunto de la temperatura y la herbivoría en la supervivencia y crecimiento de renovales

Resumen

La temperatura afecta los límites de distribución de las especies leñosas, actuando sobre los procesos asociados con la fase regenerativa de las plantas. Estudios recientes ponen de manifiesto que, si bien el clima es uno de los principales modeladores de la distribución de la vegetación en gradientes altitudinales, otros factores, como la herbivoría, pueden ser importantes, tanto a nivel a nivel local como regional.

En las Sierras de Córdoba, el Distrito Chaqueño Serrano ocupa laderas ubicadas por arriba de los 500 a 700 m de altitud. Este distrito se compone de pisos de vegetación o zonas de vida que se reemplazan paulatinamente con la elevación. El piso del Bosque Chaqueño Serrano se distribuye actualmente entre 700 y 1.400 m.s.n.m., mientras que a partir de los 1.700 m de altitud las únicas manifestaciones boscosas corresponden a parches dominados por *Polylepis australis*. De tal manera, existe en las Sierras de Córdoba una faja, ubicada entre 1.400 y 1.700 m, prácticamente desprovista de bosques, aunque sí se observan individuos aislados de especies leñosas. Tradicionalmente, se ha considerado que estos límites de distribución están determinados por el clima. Sin embargo, evidencias recientes indicarían que la herbivoría por ganado introducido también podría desempeñar un papel importante como factor regulador de la distribución de especies arbóreas y sus comunidades a lo largo del gradiente altitudinal en las montañas del centro del país.

El objetivo de esta Tesis fue analizar la influencia del clima y la herbivoría por ganado doméstico en la distribución altitudinal de especies leñosas del bosque Chaqueño Serrano y de los bosquecillos de altura en las Sierras Grandes de Córdoba. Para tal fin, se evaluó la regeneración (germinación y supervivencia de renovales) de dos especies del Bosque Chaqueño Serrano (*Lithraea molleoides* y *Ruprechtia apetala*) y la dominante de los bosquecillos de altura (*Polylepis australis*). El estudio comprendió la evaluación de la germinación de semillas y la supervivencia de renovales en laboratorio, bajo diferentes termo-períodos e intensidades de corte simulando herbivoría, y a campo, abarcando el límite altitudinal completo de estas sierras (900-2.700 m.s.n.m.). El efecto de la herbivoría se evaluó a través de la instalación de clausuras al ganado ubicadas sistemáticamente a lo largo del gradiente altitudinal a intervalos de 300 m.

Los resultados muestran que a lo largo de todo el gradiente altitudinal de las Sierras Grandes de Córdoba no existirían restricciones climáticas en términos de reclutamiento y establecimiento de renovales de las especies bajo estudio. La herbivoría no tuvo efectos significativos sobre la supervivencia de los renovales, salvo en el caso de *Polylepis australis*, que se mostró muy sensible frente al corte intenso de su biomasa aérea en condiciones de laboratorio. Por lo tanto, la franja altitudinal desprovista de bosques en la actualidad (1.400-1.700 m.s.n.m.) tendría el potencial de albergar una comunidad de transición, con elementos leñosos propios del Bosque Serrano y de los bosquecillos de altura. No obstante, la mortandad observada en renovales después de un año de experimentación a campo indicaría que las fases iniciales del ciclo de vida de estas plantas podrían ser un "cuello de botella" en la formación de poblaciones estables y el incremento de su rango de distribución, especialmente en años inusualmente fríos.

Finalmente, considero necesario realizar estudios similares sobre individuos juveniles, aumentando la frecuencia de cortes para simular herbivoría en laboratorio y adecuando los experimentos de campo a fin de proteger a las plantas de las heladas y evitar la muerte por sequía mediante implementación del riego.

Summary

Temperature influences the distribution of woody species by acting on the processes associated with the regenerative phase of the plants. Recent studies show that, although the weather is a major shaper of the distribution of vegetation in altitudinal gradients, other factors, such as herbivory, may be important, both at local and regional level.

In the mountains of Córdoba, the Montain Chaco District occupies slopes alocated above the 500 to 700 m.a.s.l. This district is composed of layers of vegetation or areas of life that are gradually replaced with elevation. The Montain Chaco Woodland belt is currently distributed between 700 and 1.400 m.a.s.l., while from 1.700 m altitude the only forest manifestations correspond to patches dominated by *Polylepis australis*. So, in the Sierras Grandes of Córdoba there exists a belt, located between 1.400 and 1.700 m, almost devoid of forests, although isolated woody species individuals are observed. Traditionally, it has been considered that these distributional limits are determinated by climate. However, recent evidence would indicate that grazing by introduced livestock could also play an important role as a regulatory factor in the distribution of tree species and their communities along the altitudinal gradient in the mountains of the central part of the country.

The aim of this Thesis was to analyze the influence of climate and grazing by domestic livestock on the altitudinal distribution of woody species in the Montain Chaco Woodland and in the high mountain woodlands of Sierras Grandes de Córdoba. To this end, the regeneration (germination and seedling survival) was assessed in two species of the Montain Chaco Woodland *(Lithraea molleoides* and *Ruprechtia apetala*) and the dominant one in the high mountain woodlands (*Polylepis australis*). The study included the evaluation of seed germination and seedling survival in the laboratory under different thermo-periods and cutting intensities simulating herbivory, and in the field, including the entire altitudinal limit of these ranges (900-2700 m.a.s.l.). The effect of herbivory was assessed through livestock exclosures systematically located along the altitudinal gradient at 300 m intervals.

The results show that throughout the entire altitudinal gradient of the Sierras Grandes of Córdoba there exist no weather restrictions in terms of recruitment and establishment of seedlings of the species under study. Herbivory had no significant effect on the survival of the seedlings, except in the case of *Polylepis australis*, which was very sensitive to intense cut of its aboveground biomass in laboratory conditions. Thus, the altitudinal belt devoid of forest (1.400-1.700 m.a.s.l.) has the potencial to host a transicional community, with woody elements of both Montain Chaco and high mountain woodlands. However, the mortality observed in seedlings after a year of experimentation in the field indicates that the initial stages of these plants life cycle could be a "bottleneck" in the formation of stable populations and the increase of their range, specially in unusually cold years.

Finally, I consider it necessary to conduct similar studies on juveniles, increasing the frequency of cuts to simulate herbivory in laboratory and adecuate field experiments to protect plants from frost and prevent death from drought through irrigation implementation.

Capítulo I. Introducción general

1.1. Introducción

El límite altitudinal de la distribución de bosques ("timberline", "tree-line", o "forest line" en la literatura internacional), es uno de los patrones espaciales más notables en la vegetación (Körner & Paulsen, 2004). Diferentes factores como la temperatura (Daubenmire, 1954; Grace, 1977; Tranquilini, 1979), la longitud de la estación de crecimiento (Baig & Tranquillini, 1976; Hadley & Smith, 1990), la sensibilidad a heladas (Sakai & Larcher, 1987; Körner, 1998), y fallas en la reproducción de las especies arbóreas (Holtmeier & Broll, 1992), han sido señalados como posibles causas de la transición de las comunidades de bosques a pastizales o matorrales bajos. Körner (1999) y Körner & Paulsen (2004) han concluido que la temperatura media de la estación de crecimiento es la variable más estrechamente relacionada con el límite altitudinal de los bosques. Las evidencias disponibles parecen sostener que la hipótesis de un umbral térmico para el crecimiento de árboles a grandes altitudes (Körner & Paulsen, 2004; Körner & Riedl, 2012) y latitudes (Hobbie & Chapin III, 1998), sería común a diferentes regiones del mundo.

Si bien los mecanismos fisiológicos involucrados en ese patrón de distribución no están totalmente entendidos, las temperaturas críticas para el crecimiento de árboles oscilarían entre 5,5 y 7,5 °C de promedio para la estación de crecimiento (Körner, 1999). Este rango de temperaturas está comúnmente asociado con el límite de distribución de los bosques en diversos lugares del planeta. La temperatura del suelo puede ser tanto ó más importante que la temperatura del aire (Pregitzer *et al.*, 2000) en la definición del límite superior de distribución de la vegetación leñosa. Independientemente del taxón involucrado, del uso de la tierra o de los límites arbóreos controlados por el fuego, los límites climáticos de los bosques están asociados a una temperatura media del suelo de 6,7 °C durante la estación de crecimiento (Körner & Paulsen, 2004). En algunos casos, si la temperatura media del suelo, o sus fluctuaciones diarias, no son favorables para el crecimiento, aunque la temperatura del aire si lo sea, la planta no puede desarrollarse plenamente (Mazzola *et al.*, 2008). De lo expuesto se desprende que tanto la temperatura del aire, como la del suelo, pueden ser factores activos en la distribución de bosques en gradientes altitudinales. No obstante, Körner & Paulsen (2004) indicaron que mientras las temperaturas del aire son mayores que las temperaturas del suelo en los períodos cálidos, y son menores en los períodos fríos, las temperaturas de la zona radical son amortiguadas y no experimentan los extremos de temperatura, a diferencia de lo que ocurre a nivel de la canopia. Estos autores justificaron el registro de las temperaturas del suelo indicando que hay abundante evidencia que muestra que el crecimiento de las raíces es muy sensible a la temperatura (Körner, 1999), y que las temperaturas de la zona radicular también ejercen influencias directas sobre el metabolismo de la planta por arriba del nivel del suelo (e.g. DeLucia, 1986; Day *et al.*, 1991, en: Körner & Paulsen, 2004).

Se han propuesto numerosos mecanismos a través de los cuales la temperatura puede controlar el límite superior de distribución de los bosques (Sveinbjornsson, 1992). Algunos de ellos implican efectos directos de las bajas temperaturas sobre procesos fisiológicos (fotosíntesis, crecimiento, captación de agua y nutrientes, etc.), mientras que otros influyen indirectamente sobre el desempeño de las plantas (balance negativo de carbono por la breve estación de crecimiento, baja disponibilidad de nutrientes por los suelos congelados o fríos) (Stevens & Fox, 1991; Vitasse *et al.*, 2013; Dawes *et al.*, 2013; Streit *et al.*, 2014). Además, la temperatura puede tener un efecto importante en la fase regenerativa del ciclo de vida de las plantas. Esta fase suele ser considerada como una "etapa filtro" (*sensu* Houle, 1995, 1998), que podría limitar la distribución de las especies arbóreas que componen los bosques. En este sentido, Hobbie & Chapin III (1998) y Vitasse y colaboradores (2013) han observado una disminución en las tasas de germinación, supervivencia de plántulas y crecimiento en ciertas especies arbóreas de bosques templados trasplantadas a sistemas con temperaturas más bajas. Por otra parte, Despland & Houle (1997) observaron que las condiciones climáticas (temperaturas y precipitaciones), influyen sobre diferentes aspectos reproductivos y regenerativos en *Pinus banksiana* en el límite norte de su distribución.

Resulta clave para la regeneración y supervivencia de las poblaciones de plantas la evaluación de los requerimientos de las especies durante la germinación y el establecimiento. Sin embargo, las condiciones óptimas requeridas durante el proceso de germinación suelen ser diferentes de las requeridas durante el proceso de establecimiento (Grubb, 1977). En consecuencia, una vez que las semillas están disponibles en un sitio, los factores bióticos y abióticos actúan como filtros, afectando positiva o negativamente a la germinación de las semillas y a la supervivencia y establecimiento de plántulas (Houle, 1996; Díaz *et al.*, 1998; Myers & Harms, 2009).

En la etapa regenerativa de las plantas (germinación y desarrollo de la plántula resultante), los factores ambientales de mayor importancia son la temperatura, la luz y el agua (Baskin & Baskin, 1998; Pons, 2000; Probert, 2000), ocurriendo la germinación de la semilla cuando la humedad del suelo es suficiente como para asegurar el establecimiento de la plántula (Turner *et al.*, 2005). La respuesta de diferentes especies a factores como la disponibilidad de luz o agua, puede ayudar a explicar los procesos que determinan la regeneración en diferentes ecosistemas, como por ejemplo en los bosques (Quero *et al.*, 2008). Existen algunos estudios donde se ha puesto en evidencia la importancia de la variación anual de la temperatura y la humedad sobre el establecimiento y supervivencia de plántulas de especies arbóreas, tanto cerca del límite inferior de distribución, en el ecotono bosque-estepa, como cerca del límite superior en el ecotono bosque-tundra (Villalba & Veblen, 1998; Daniels & Veblen, 2004; Kitzberger *et al.*, 2000). En este mismo sentido, a través de aproximaciones experimentales, se encontraron respuestas positivas de plántulas de *Nothofagus pumilio* y *Austrocedrus chilensis* a los incrementos en la humedad disponible (Tercero-Bucardo *et al.*, 2007). Asimismo, Rada y colaboradores (1996, 2001) identificaron a variables que cambian con la altitud, la latitud y la topografía (principalmente humedad y temperatura e insolación) (Gosling *et al.*, 2009), como factores que controlan la distribución de *Polylepis* en los Andes centrales.

El papel de las condiciones ambientales, en particular la temperatura, como factor limitante de la distribución de los bosques, es hoy poco discutido. Sin embargo, existen también otros factores (interacciones biológicas, limitación de semillas, disturbios, etc.), que interactúan con los factores abióticos, y pueden ser también local y regionalmente importantes (Moen *et al.*, 2004; Harsch *et al.*, 2009). En este sentido, perturbaciones de origen antrópico, principalmente la tala, la explotación ganadera y el fuego (Wiens, 2000; Zak *et al.*, 2004), se ha observado que tienen alta relevancia en la germinación y supervivencia de las semillas (Stewart *et al.*, 2000, Renison *et al.*, 2002) y en la supervivencia de las plántulas (Bell *et al.*, 1995). Además, los gradientes altitudinales de vegetación no sólo reflejan la variación climática, sino que también pueden asociarse a variaciones en el régimen de disturbios, que a su vez dependen de los cambios ambientales y de las características propias de la vegetación (Harmon *et al.*, 1984; Veblen *et al.*, 1992; Cairns & Moen, 2004; Hofgaard *et al.*, 2010).

Entre los factores de origen antrópico, la presencia de ganado puede reducir el establecimiento y crecimiento de las plantas (e.g. Teich *et al.*, 2005), así como disminuir su fecundidad una vez llegada la etapa adulta (e.g. Pollice *et al.*, 2013 y trabajos citados allí). Además de estos efectos directos sobre las plantas, la herbivoría puede ejercer efectos indirectos a través del pisoteo (den Herder *et al.*, 2003; Li *et al.*, 2003; Castro *et al.*, 2004, en: Cairns & Moen, 2004) y la degradación de los suelos (Kozlowski, 1999, en: Cairns & Moen 2004; Torres *et al.*, 2008; Renison *et al.*, 2010; Cingolani *et al.*, 2013). Por otra parte, a ciertas temperaturas se ha observado que la herbivoría puede remover una cantidad similar o mayor de biomasa o meristemas que la que puede ser reemplazada por crecimiento y desarrollo (Körner, 1999). En este sentido, el efecto del ganado sobre la especie leñosa *Polylepis australis* ha sido bien documentado para los ecosistemas de montaña en las Sierras Grandes de Córdoba. Torres y colaboradores (2008) encontraron que la erosión de los suelos originada por el sobrepastoreo reduce la viabilidad de las semillas. La exclusión completa del ganado también puede reducir el número de plántulas debido a la competencia interespecífica con gramíneas en mata que predominan en algunos ecosistemas sometidos a pastoreo (Zimmerman *et al.*, 2009). Sin embargo, a cargas ganaderas intermedias a bajas, se ha registrado una regeneración temprana óptima en *Polylepis australis* (Coutsiers, 2006; Cingolani *et al.*, 2014). Por otro lado, Enrico y colaboradores (2004) observaron que el ganado afecta las variaciones interanuales en la producción de semillas y el establecimiento temprano debido a la influencia que ejerce sobre varios estadíos y procesos relacionados a la regeneración. Por su parte, Teich y colaboradores (2005) y Giorgis y colaboradores (2010) reportaron que el ganado reduce la supervivencia de plántulas y consume prácticamente toda la productividad de individuos de esta especie menores a los 2 m de altura. No obstante, Renison y colaboradores (2011) señalan que el impacto directo del ganado podría variar según el estado de desarrollo de las plantas de *P. australis*, siendo mayor el efecto de la herbivoría sobre aquellos individuos que se encuentran en los primeros estadíos del ciclo de vida. Acorde con esta idea, en un estudio realizado en un gradiente altitudinal en Canadá, se observó que la exclusión del ganado disminuyó el daño sufrido por plántulas de *Picea mariana* e incrementó su crecimiento (Munier *et al.*, 2010). Resultados similares han sido reportados para *Nothofagus pumilio* en Tierra del Fuego, donde la herbivoría por guanaco (*Lama guanicoe*) afectó el crecimiento de las plántulas en el límite altitudinal de distribución de dicha especie (Cuevas, 2002). Asimismo, Marcora y colaboradores (2013) observaron que el ganado doméstico redujo de manera notable la supervivencia y el crecimiento de plantines de *Polylepis australis*, *Maytenus boaria* y *Escallonia cordobensis* a lo largo de un gradiente altitudinal en las Sierras Grandes de Córdoba.

Speed y colaboradores (2010) reportaron la primera evidencia experimental a escala de paisaje de que el pastoreo por grandes herbívoros puede limitar la altitud de los "treelines", sugiriendo que los herbívoros reducen el reclutamiento de abedul (*Betula pubescens tortuosa*) y exhiben un impacto mayor que la disponibilidad de micrositios sobre la mortalidad de la especie en un gradiente altitudinal al sur de Noruega. La bibliografía registra también otros ejemplos en los que los herbívoros pueden afectar la dinámica de los bosques a través del impacto sobre el reclutamiento y el crecimiento de árboles (Horsley *et al.*, 2003; Gill, 2006; Kuijper *et al.*, 2010, en: Speed *et al.*, 2011). La capacidad de los herbívoros para causar cambios en el estado de la vegetación puede depender de muchos factores, incluyendo las condiciones abióticas del ecosistema (Didham *et al.*, 2005, en: Speed *et al.*, 2011). En relación a lo expuesto, Speed y colaboradores (2012) indicaron que los cambios en la densidad de herbívoros probablemente contribuyen a los cambios en la composición de las comunidades en adición a, y probablemente en interacción con, los principales factores climáticos.

Por otra parte, Renison y colaboradores (2015), a través de un estudio realizado en las Sierras Grandes de Córdoba, sugieren que la etapa de plántula del ciclo de vida de *Polylepis australis* está influenciada por el microambiente impuesto por las diferencias entre sitios (quebradas, valles y crestas de montaña) y relativamente menos por la herbivoría, mientras que la supervivencia y el crecimiento es fuertemente afectado por la herbivoría y relativamente menos por el ambiente abiótico. En el mencionado estudio, se encontró que el establecimiento de plántulas fue menor en quebradas y crestas de montaña en ausencia de grandes herbívoros, mientras que tanto la supervivencia y el crecimiento fueron sustancialmente más bajos en presencia de grandes herbívoros. Finalmente, en base a la evidencia disponible, Renison y colaboradores (2015) indicaron que los estudios de plántulas no parecen sostener la explicación antropogénica, pero si aquellos realizados con individuos juveniles.

A juzgar por lo expuesto, tanto los factores ambientales (principalmente el clima), como los de naturaleza antrópica (herbivoría por ganado y fuego), pueden intervenir en la definición del límite altitudinal de distribución de especies leñosas y de bosques. Estos factores pueden actuar individualmente o bien interactuar a lo largo de gradientes ambientales como el involucrado en esta Tesis. Si bien los efectos de los factores ambientales y antrópicos considerados individualmente están bien documentados en la literatura sobre el tema, los estudios que aborden la importancia relativa de ambos grupos de factores a través de aproximaciones experimentales son mucho más escasos, y se reducen a los casos de estudios mencionados más arriba.

En Argentina, el Distrito Chaqueño Serrano se presenta en montañas del centro y noroeste del país (Cabrera, 1976). Se compone de pisos o zonas de vegetación distribuidos a lo largo del gradiente altitudinal de las sierras, entre 500 y casi 3.000 m.s.n.m. El piso más bajo se denomina Bosque Serrano, por encima del cual se presentan sucesivamente el Matorral Serrano y el Pastizal de Altura (Cabrera, 1976). En la Provincia de Córdoba el Bosque Serrano se extiende actualmente entre 500 y 1.400 m.s.n.m. y en su límite superior forma complejos ecotonos con sistemas de matorrales y pastizales. Sin embargo, ejemplares aislados de una de las especies dominantes en el piso del Bosque Serrano, *Lithraea molleoides*, pueden observarse esporádicamente por arriba de ese límite, hasta 1.700-1.800 m de altitud (Giorgis, 2011). Por arriba de 1.700 m se extienden los bosques de *Polylepis australis*, comunes en los niveles superiores del Distrito Chaqueño Serrano. Si bien se observan individuos aislados de esta especie hasta los 900 m.s.n.m., sólo forma parches de bosques relativamente extensos por arriba de 1.700 m.s.n.m. (Cabido & Acosta, 1985a). Es así que la franja altitudinal entre 1.400 y 1.700 m.s.n.m. está desprovista de bosques, o al menos de parches más o menos extendidos de ellos (Fig. 1.1). La causa que regula este patrón de distribución es aún motivo de controversia: mientras Luti y colaboradores (1979) hacen referencia a factores físicos integrados en la altitud, Cingolani y colaboradores (2008) y Giorgis (2011) sugieren un posible efecto sinérgico entre el clima y el fuego, como limitantes principales de la distribución altitudinal de los bosques en las Sierras de Córdoba.

Fig. 1.1. Distribución de la vegetación en el gradiente altitudinal de las Sierras Grandes de Córdoba. La ausencia de bosques en la franja media, ¿se debe a la historia de uso de la tierra, a variables medioambientales o a la interacción entre ambos factores?

El uso de la tierra más frecuente en el Chaco Serrano es la ganadería extensiva, siendo el fuego la principal herramienta para el manejo de la vegetación, especialmente para estimular el rebrote del forraje (Cabido, 1985; Pucheta *et al.*, 1998; Díaz *et al.*, 1999). Se presume que tanto el pastoreo como el fuego tienen efectos significativos, no sólo sobre los pastizales, sino también sobre las especies leñosas (Luti *et al.*, 1979; Cabido & Acosta, 1985b; Renison *et al.*, 2004, 2005; Torres *et al.*, 2013; Cingolani *et al.*, 2014), y que podría interactuar con el clima en la definición del límite superior de distribución de los bosques. Numerosos estudios han procurado entender la dinámica de este mosaico de comunidades y la influencia de controles ambientales y patrones de uso sobre la distribución de las mismas (Cabido *et al.*, 1987, 1993, 1998; Díaz *et al.*, 1994, 1998, 1999; Pucheta *et al.*, 1997, 1998; Cingolani *et al.*, 2003, 2004, 2005, 2008, 2014; Enrico *et al.*, 2004; Teich *et al.*, 2005; Renison *et al.*, 2002, 2004, 2006; Marcora *et al.*, 2008, 2013). No obstante, aún existe controversia sobre si la falta de bosques en la franja media del gradiente altitudinal de las Sierras Grandes de Córdoba (1.400 a 1.700 m) se debe a restricciones climáticas y/o a causas antrópicas (uso de fuego, ganado, tala). Por lo tanto, faltan estudios que permitan comprender plenamente cuáles son los mecanismos que determinan dicho patrón y la forma en la que éstos actúan a fin de lograr un consenso absoluto sobre el tema.

Es así que este trabajo surge de la necesidad de llevar a cabo estudios dirigidos a la búsqueda de explicaciones a la falta de bosques existente en la franja altitudinal media de las Sierras Grandes de Córdoba. Se espera que los resultados aporten al cuerpo del conocimiento teórico a nivel local, generando información de base para comprender la distribución actual y potencial de las principales especies leñosas, prever el comportamiento de las poblaciones naturales ante los posibles escenarios de cambio climático y de uso de la tierra y llevar adelante acciones y proyectos de restauración del bosque nativo, dada la gran importancia ecosistémica del mismo como protector de las cabeceras de cuencas hidrográficas que aportan a numerosos conglomerados urbanos de la Provincia de Córdoba. Por otra parte, se pretende también contribuir al debate sobre los factores que controlan el límite superior de la distribución de bosques en gradientes altitudinales del Planeta, considerando de manera conjunta el efecto del clima (principalmente la temperatura) y de la herbivoría por ganado doméstico.

A su vez, Cavieres & Piper (2004) indicaron que si bien la limitación del crecimiento es el mecanismo más reconocido como determinante del límite altitudinal de los árboles, la gran mayoría de los estudios llevados a cabo hasta entonces estaban circunscriptos más bien a gimnospermas (en particular coníferas), destacando un vacío de conocimiento con respecto a las respuestas de angiospermas. Por consiguiente, se espera que los hallazgos reportados en esta Tesis logren aportar información relativamente novedosa sobre este grupo de especies.

A partir del patrón observado en la distribución de los bosques, surgen preguntas tales como, 1) ¿Las especies arbóreas del Bosque Serrano tienen la potencialidad de prosperar a mayor altitud y formar bosques continuos por arriba de 1.400 m.s.n.m.?, 2) ¿*Polylepis australis* puede prosperar por debajo de 1.700 m de altitud?, y 3) ¿En qué medida los límites observados actualmente en la distribución de las especies y comunidades del Bosque Serrano y del Bosque de *P. australis* están controlados por el clima y su interacción con el disturbio (herbivoría por ganado doméstico)?

1.2. Objetivos e Hipótesis de la Tesis

Como se sugiere a lo largo de esta introducción, en los gradientes altitudinales es importante dilucidar el papel de la variación de los factores abióticos en la distribución de especies, ya sea porque afectan directamente el ciclo de vida de las plantas, especialmente la fase regenerativa, o porque lo hacen indirectamente a través de las interacciones que éstas establecen. Con el propósito de establecer la influencia de distintos factores, tanto en la determinación del límite superior del Bosque Serrano de Córdoba como en la determinación del límite inferior de los bosques de altura, el **objetivo general** de esta Tesis es estudiar el efecto del clima y la herbivoría sobre la germinación y supervivencia de plántulas de tres leñosas nativas: *Lithraea molleoides* y *Ruprechtia apetala*, especie dominante y especie representativa del Chaco Serrano, respectivamente, y *Polylepis australis*, especie dominante de los bosquecillos de altura.

Para ello, se proponen los siguientes **objetivos particulares:**

- Mediante experimentos de laboratorio, evaluar en las tres especies estudiadas: (a) El efecto de la temperatura sobre la germinación; (b) La influencia de las temperaturas extremas de frío y calor en la supervivencia de plántulas; (c) El efecto de la herbivoría y su interacción con la temperatura sobre la supervivencia y los patrones de crecimiento de los renovales.

- Mediante experimentos de campo: (a) Conocer la germinación efectiva neta de las tres especies seleccionadas a lo largo del gradiente altitudinal completo de las Sierras Grandes de Córdoba; (b) Medir el valor mensual de supervivencia de renovales en parcelas ubicadas a intervalos regulares de altitud (siete altitudes desde los 900 hasta los 2.700 m.s.n.m.); (c) Evaluar el efecto de la exclusión del ganado doméstico sobre la supervivencia de renovales y su influencia relativa a lo largo del gradiente altitudinal.

- Relacionar los resultados de los experimentos llevados a cabo en laboratorio y campo con la temperatura y humedad del suelo registradas en cada nivel altitudinal.

Se plantean las siguientes hipótesis:

Hipótesis general:
Se postula que la germinación de semillas de las tres especies leñosas nativas del Chaco Serrano puede ser explicada por el efecto de los factores ambientales, en tanto que la supervivencia de plántulas de las mismas puede ser explicada por la interacción de factores

ambientales (principalmente variaciones climáticas en el gradiente altitudinal) y de la herbivoría. En lo que respecta al desempeño de los renovales, se predice que la tasa de crecimiento se verá afectada por la proporción de biomasa ramoneada y por la temperatura.

Hipótesis y predicciones particulares:

- La germinación y la supervivencia de plántulas de las especies en estudio varían a lo largo del gradiente altitudinal influenciadas por las temperaturas. Se predice que las especies propias del Bosque Serrano, *Lithraea molleoides* y *Ruprechtia apetala*, acusarán una disminución progresiva en su germinación y supervivencia hacia los extremos de mayor altitud, asociada a una disminución en la temperatura. Por el contrario, se espera que *Polylepis australis*, manifieste una disminución en sus niveles de germinación y supervivencia conforme aumente la temperatura, hacia los niveles más bajos del gradiente altitudinal.

- La herbivoría interactúa con la temperatura condicionando la supervivencia de los renovales de las tres especies nativas. En consecuencia, se espera que el efecto de la herbivoría sea más severo sobre la supervivencia de *Lithraea molleoides* y *Ruprechtia apetala* hacia las zonas de mayor altitud, donde estas especies tendrían restricciones climáticas. Por otra parte, en *Polylepis australis*, especie con cierto grado de limitación para sobrevivir en sitios con altas temperaturas, la supervivencia de renovales se vería mayormente afectada por la herbivoría en los niveles inferiores del gradiente altitudinal

1.3. Estructura de la Tesis

Esta Tesis se presenta en cinco capítulos. El primero comprende el marco teórico abordado en el trabajo, como así también antecedentes en el tema central de la Tesis, objetivos, hipótesis y predicciones acerca del efecto de los factores que actúan en los límites de distribución de las comunidades de bosques en las Sierras de Córdoba. El segundo capítulo presenta el área de estudio, el diseño de los experimentos y la metodología general empleada; también se incluyen en este capítulo los resultados correspondientes al registro de las variables ambientales obtenidos a lo largo de los experimentos (temperatura media, máxima media y mínima media del suelo; humedad media, máxima media y mínima media del suelo; así como la descripción de las variables físicas y químicas del suelo en cada altitud). El capítulo II finaliza con la descripción de las especies leñosas nativas seleccionadas para llevar a cabo los estudios planteados en los objetivos de esta Tesis. El capítulo III aborda el estudio de la etapa inicial de la regeneración de las plantas mediante la toma de datos y posterior análisis de las respuestas germinativas de las semillas frente a diferentes termo-períodos y condiciones de luz, en el laboratorio. A su vez, ya en el campo, se estudia la emergencia y el establecimiento de las plántulas a diferentes niveles altitudinales en las Sierras Grandes de Córdoba. El capítulo IV de la Tesis contempla el estudio y análisis de la supervivencia y el crecimiento de renovales de las tres especies estudiadas bajo los efectos de diferentes niveles de temperaturas y herbivoría, tanto en el laboratorio como en el campo. Finalmente, en el capítulo V se presentan la discusión y conclusión finales de esta Tesis.

Capítulo II. Sistema de estudio y diseño experimental

2.1. Área de estudio

El área de estudio se ubica en las Sierras Grandes de Córdoba (aprox. 31°35`S, 64°45`O) (Fig.2.1), y los sitios de estudio se disponen en la vertiente oriental de la porción más austral de esas sierras, abarcando un gradiente altitudinal entre 900 y 2.700 m.s.n.m. La mayor parte del área por debajo de 1.400 m.s.n.m. tiene un sustrato geológico metamórfico, pero a mayor altitud se presenta un batolito granítico delimitado por fallas regionales de orientación N-S. La formación de esta montaña comenzó en épocas precámbricas y la intrusión del granito se produjo durante el Paleozoico temprano; la orogenia fue reactivada durante el Terciario junto al levantamiento de Los Andes y se extendió aún hasta el Cuaternario (Gordillo & Lencinas, 1979). El paisaje general está conformado por distintas geoformas que incluyen fondos de valles, quebradas y planicies con diferente grado de disección. En los terrenos con escasa pendiente los suelos adquieren mayor desarrollo y, en general, son Mollisoles (Hapludoles y Argiudoles énticos, típicos y cumúlicos), mientras que en los sitios de alta pendiente y sobre relieves convexos, predominan los suelos poco profundos y excesivamente drenados (Hapludoles líticos) (Cabido *et al.*, 1987). En sitios de acumulación y, especialmente por arriba de 1.800 m.s.n.m., aparecen también suelos con alta acumulación de materia orgánica y fases anaeróbicas en el perfil, aunque estos sitios no han sido considerados en esta Tesis pues representan manifestaciones edáficas locales.

El clima de la región es templado a templado frío a mayor altitud. La temperatura media anual es de 14 °C en los sectores más bajos (Estación Ascochinga) y menor a 8 °C por arriba de 2.100 m.s.n.m. (Estaciones El Cóndor y La Ventana), donde pueden ocurrir heladas en cualquier mes del año. Las precipitaciones anuales oscilan entre 750 y 970 mm y no varían significativamente a lo largo del gradiente, aunque posiblemente aumenten con la altitud si se considera el aporte de nieblas y neblinas (Cabido *et al.*, 1998). Poco más del 80% de las lluvias están concentradas en los meses cálidos, entre octubre y abril (Cabido, 1985; Renison *et al.*, 2002).

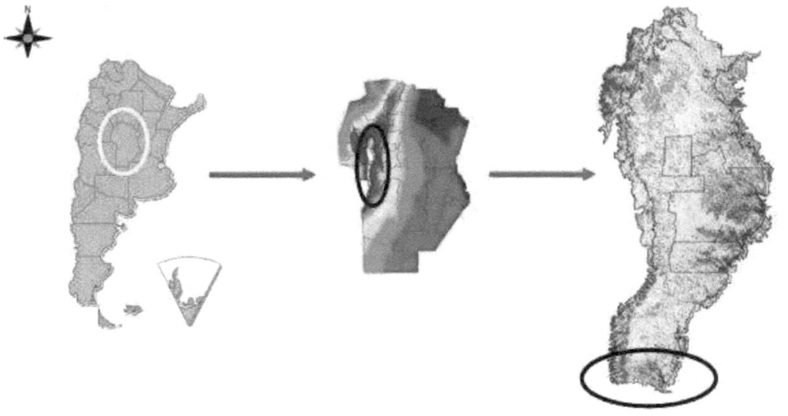

Fig. 2.1. Ubicación geográfica del área de estudio en las Sierras Grandes de Córdoba, dentro de la Provincia de Córdoba y la República Argentina. El área de estudio de esta Tesis se sitúa en la parte sur de esas sierras – Escala: 1:774,684 (área marcada con un círculo negro en la tercera figura). Fuente: Cingolani y colaboradores, 2004.

Desde el punto de vista fitogeográfico, el área de estudio se encuentra dentro del Distrito Chaqueño Serrano, cuya vegetación está compuesta en la actualidad por un mosaico de comunidades que conforman pisos o zonas de vida discontinuos (Luti *et al.*, 1979; Cabido *et al.*, 1998; Giorgis *et al.*, 2011). Entre los 500 y 1.400 m.s.n.m. se presenta el Bosque Serrano, que tiene entre sus especies arbóreas más representativas a *Lithraea molleoides* (Vell.) Engl., *Zanthoxylum coco* Gillies ex Hook. F. & Arn., *Schinopsis marginata* Engl., *Acacia caven* Molina, *Condalia buxifolia* Reissek y *Ruprechtia apetala* Wedd. (Luti *et al.*, 1979; Demaio *et al.*, 2002). A partir de los 1.400 m.s.n.m. aparece un piso discontinuo de matorrales, posiblemente de origen antrópico, y de composición florística variada. En distintos lugares de las sierras se presentan pastizales y pajonales a partir de los 900 m de altitud, pero dominan la fisonomía del paisaje de las Sierras Grandes desde los 1.300 m.s.n.m. (Cabido, 1985; Acosta *et al.*, 1992; Cingolani *et al.*, 2004; Giorgis *et al.*, 2011). Finalmente, los bosquecillos de altura dominados por *Polylepis australis* Bitt. y, en menor medida, por *Maytenus boaria* Molina, forman parches en las quebradas o en laderas rocosas por arriba de los 1.700 m de altitud (Cabido & Acosta, 1985a; Renison *et al.*, 2002, 2006; Cingolani *et al.*, 2004) (Fig. 1.1, capítulo I). El uso de la tierra (pastoreo, fuego y tala selectiva) ha transformado gran parte del bosque serrano original (ver las descripciones de Kurtz, 1904) en un mosaico de pastizales secundarios, matorrales y relictos de bosques abiertos (Zak & Cabido, 2002; Zak, Cabido & Hodgson, 2004).

De acuerdo con Díaz y colaboradores (1987), los pastizales del área de estudio han estado sometidos a pastoreo por ganado europeo desde hace unos 300 años. En la primera mitad del siglo XX se produjo un notable incremento en el número de cabezas de ganado bovino y ovino (Terzaga, 1963), aunque la carga ganadera en general se ha reducido en las últimas décadas del siglo pasado y en lo que va del actual. No obstante, es frecuente observar en el área de estudio procesos erosivos desencadenados por la acción conjunta del ganado y de los incendios (Cingolani *et al.*, 2013). A los efectos de eliminar las grandes matas de gramíneas, poco palatables, los pastizales son quemados en forma frecuente. No existe, en general, una planificación en la periodicidad o frecuencia de los incendios, que se practican principalmente a fines de invierno o principios de primavera, cuando la oferta de forraje es mínima (Herrera *et al.*, 1987; Pucheta & Cabido, 1992).

2.2. Diseño del experimento

Con el propósito de estudiar el efecto de la variación climática a lo largo del gradiente altitudinal sobre la germinación y supervivencia de las especies arbóreas seleccionadas, se establecieron 7 sitios, ubicados a intervalos regulares en los siguientes niveles: 900, 1.200, 1.500, 1.800, 2.100, 2.400 y 2.700 m.s.n.m. Esta distribución abarcó el gradiente altitudinal completo desde la base de la ladera oriental de las Sierras Grandes hasta el extremo de mayor altitud del cordón montañoso. Los sitios se ubicaron en las proximidades de un camino regional, continuación de la Ruta Provincial N° 228, trazado consolidado que asciende desde la localidad de Yacanto del Valle de Calamuchita hasta el Cerro Champaquí, y que es conocido localmente como Camino al cerro Los Linderos. En cada sitio de estudio se instaló una clausura al ganado de 20 x 20 m, con 3 parcelas experimentales de 4 x 4 m en su interior y 3 parcelas de igual tamaño fuera de la misma (Fig. 2.2). En la selección de los sitios se procuró que fueran homogéneos en términos de pendiente, distancia al camino y vegetación (fisonomía y composición florística).

Fig. 2.2. Ubicación de las clausuras experimentales a lo largo del gradiente altitudinal en la ladera oriental de las Sierras Grandes de Córdoba. Diseño dentro y fuera de cada clausura.

2.3. Medición de variables ambientales de los sitios de estudio

Los sitios seleccionados a lo largo del gradiente altitudinal se caracterizaron en términos de temperatura y humedad del suelo, así como en cuanto a las propiedades físicas y químicas del mismo.

Fig. 2.3. Imagen de una de las parcelas de estudio ubicada en el gradiente altitudinal en la vertiente oriental de las Sierras Grandes de Córdoba.

Para registrar la temperatura, se instaló un sensor en el suelo de cada parcela, a no más de 5 cm de profundidad. Los sensores empleados, iButton Viewer 32, se programaron para registrar la temperatura cada dos horas desde abril de 2008 hasta abril de 2011.

La humedad del suelo es uno de los componentes más difíciles de obtener en los gradientes altitudinales medioambientales, razón por la cual suelen estar ausentes en los trabajos experimentales a campo (Körner, 2007; Cavieres *et al.*, 2006). No obstante, en el presente trabajo se registró mensualmente la humedad del suelo en cada una de las seis parcelas por altitud, desde junio de 2008 hasta abril de 2011, mediante la utilización de un dispositivo MPM160 (Moisture Probe Meter, ICT International Pty Ltd.), el cual registró la humedad volumétrica, expresándose la misma en porcentaje (%) de volumen de suelo ocupado por agua (%vm).

Fig. 2.4. Instrumentos de medición de la temperatura del suelo (medición diaria con frecuencia de dos horas) y de la humedad del suelo (medición mensual), en parcelas ubicadas a lo largo del gradiente altitudinal en la ladera oriental de las Sierras Grandes de Córdoba.

A fin de recabar información sobre las propiedades físicas y químicas del suelo, se recolectaron 21 muestras de suelo por altitud (adentro de las clausuras), las cuales fueron enviadas al laboratorio de Edafología de la Facultad de Ciencias Agropecuarias (UNC) para su posterior análisis.

Con los datos obtenidos se calcularon las siguientes variables: temperatura media, temperatura media máxima, temperatura media mínima y humedad media, humedad media máxima y humedad media mínima del suelo por altitud (los valores pertenecen a las parcelas ubicadas dentro de las clausuras). Los parámetros de temperatura y humedad del suelo de los distintos niveles altitudinales se analizaron a través de una regresión lineal (Tabla 2.1 y Figs. 2.5 y 2.7). A su vez, se realizó un ANOVA a fin de determinar las diferencias de medias en la temperatura media y humedad media de cada estación del año y en cada nivel altitudinal (Figs. 2.6 y 2.8, respectivamente). Cabe aclarar que los datos de temperatura del suelo de las parcelas ubicadas afuera de las clausuras fueron desestimados debido a que gran parte de los sensores fueron perdidos como consecuencia, seguramente, de la acción depredadora del ganado doméstico. Dado que no se contó con dichos datos de temperatura, se decidió desestimar también los datos de humedad afuera de las clausuras. De cualquier forma, la comparación de los datos de los escasos sensores que permanecieron activos al final del experimento, con los registrados en el interior de las clausuras, no mostró diferencias significativas en la marcha de la temperatura entre ambos tratamientos.

Variable del suelo	**Altitud (m.s.n.m.)**								
	900	**1200**	**1500**	**1800**	**2200**	**2400**	**2700**	R^2	*P*
Temp. (°C)									
Media	15.45±0.44	13.01±0.32	13.03±1.18	10.79±1.61	10.87±1.05	7.93±0.29	6.38±0.48	0.95	0.0002
Máxima	18.81±0.61	15.16±0.52	16.61±0.58	13.21±1.64	12.73±1.13	9.83±0.8	7.82±0.48	0.93	0.0005
Minima	12.84±0.3	11.45±0.15	10.47±1.38	9.02±1.6	9.24±1	6.45±0.22	5.26±0.52	0.96	0.0001
Humedad (%)									
Media	22.35±0.3	22.83±2.08	21.63±1.71	34.81±2.85	43.63±2.84	44.98±1.83	50.02±2.63	0.90	0.0011
Máxima	26.47±0.44	27.06±2.35	25.72±1.58	41.48±3.24	50.73±3.49	53.33±2.15	57.94±2.31	0.90	0.0010
Minima	17.85±0.18	18.33±1.97	17.28±1.73	28.08±2.7	36.70±2.19	37.20±1.91	42.81±2.67	0.90	0.0011
Textura									
Arena	72.57±1.24	74.63 ±2.97	77.00 ±2.79	76.73±3.74	51.00±1.28	74.23±2.02	57.70±5.84	0.28	Ns
Limo	16.53 ±0.5	14.27±2.17	16.43 ±1.6	17.70 ±3.22	38.90±0.85	17.20±2.71	30.87±5.63	0.35	Ns
Arcilla	10.90±0.76	11.10 ±0.8	6.57 ±1.19	5.57 ±0.52	10.10±0.49	8.57±1.86	11.43±0.29	$4x10^{-6}$	Ns
Propied. químicas									
Mat. Org. (%)	4.23±0.26	5.73 ±0.34	5.20 ±1.06	9.47 ±1.07	9.67 ±0.41	16.23 ±1.83	13.07±0.07	0.82	0.0048
C org. (%)	2.43±0.15	3.33 ±0.19	3.03 ±0.62	5.50 ±0.64	5.60 ±0.27	9.40 ±1.04	7.60 ±0	0.83	0.0046

Nitrogeno (%)	0.20 ±0.01	0.27 ±0.02	0.25 ±0.04	0.45 ±0.05	0.45 ±0.02	0.79 ±0.1	0.61 ±0.01	0.80	0.0069
C:N	12.17±0.2	12.27±0.15	12.00±0.5	12.10±0.21	12.30±0.15	12.03±0.26	12.40±0.06	0.07	Ns
Nitratos (ppm)	3.57 ±1.37	13.70±1.82	7.80±2.77	32.13±5.2	8.33±1.55	6.67±1.76	17.80±3.47	0.05	Ns
Amonio (ppm)	1.67±0.99	3.80 ±0.76	3.50 ±0.89	12.90±0.97	3.20 ±0.96	2.47 ±0.62	5.90 ±1.5	0.04	Ns
Fósforo (ppm)	4.27 ±3.32	10.80±3.41	2.07 ±0.38	6.93±0.97	2.00 ±0.12	0.77±0.38	1.37 ±0.39	0.37	Ns
pH	5.80 ±0.25	5.77 ±0.29	4.83±0.07	4.23 ±0.15	4.73±0.03	5.13 ±0.03	5.07 ±0.22	0.09	Ns
Prof.del Suelo (cm)	36.2	48.2	35.2	17.2	55.4	68.9	66		

Tabla 2.1. Variables del suelo en el gradiente altitudinal estudiado en las Sierras Grandes de Córdoba. Se proveen los valores medios, así como el valor de p y error experimental correspondientes al análisis de regresión lineal. Temperatura media (F=94,41); temperatura mínima (F=113.43); temperatura máxima (F=62.96). Humedad media (F=45.66); humedad mínima (F=45.96); humedad máxima (F=46.26). La temperatura y humedad del suelo fueron registradas durante tres años (2008-2011) en parcelas ubicadas dentro de clausuras a lo largo del gradiente altitudinal.

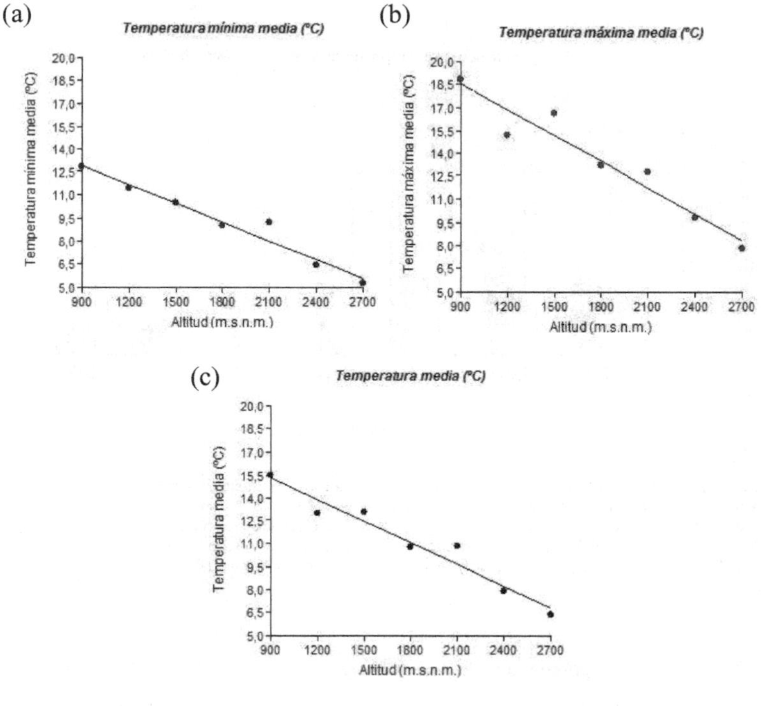

Fig. 2.5. (a) Temperatura mínima media (Regresión lineal, R^2=0,96; F=113,43; p=0,0001), (b) máxima media (Regresión lineal, R^2=0,93; F=62,96; p=0,0005) y (c) media (Regresión lineal, R^2=0,95; F=94,41; p=0,0002) del suelo por altitud en las Sierras Grandes de Córdoba. Datos correspondientes a tres años de registros (2008-2011).

Tal como se puede observar en la tabla 2.1 y en la figura 2.5, las temperaturas registradas disminuyen progresivamente hacia los extremos superiores del gradiente altitudinal. Tanto la temperatura media, como la máxima media y la mínima media estuvieron fuertemente relacionadas con la altitud y presentaron una relación lineal estadísticamente significativa con la misma (Regresión lineal, R^2=0,95; F=94,41; p=0,0002; R^2=0,93, F=62,96; p=0,0005 y R^2=0,96; F=113,43; p=0,0001, respectivamente).

A su vez, la temperatura media del suelo en cada una de las estaciones del año y a lo largo del gradiente altitudinal se presenta en la Fig. 2.6. Dicha temperatura varió significativamente en todas las estaciones del año a lo largo del gradiente, disminuyendo hacia los sitios de mayor altitud. Esta significativa y progresiva disminución en la temperatura del suelo se hizo particularmente evidente por encima de los 1.800 m.s.n.m.

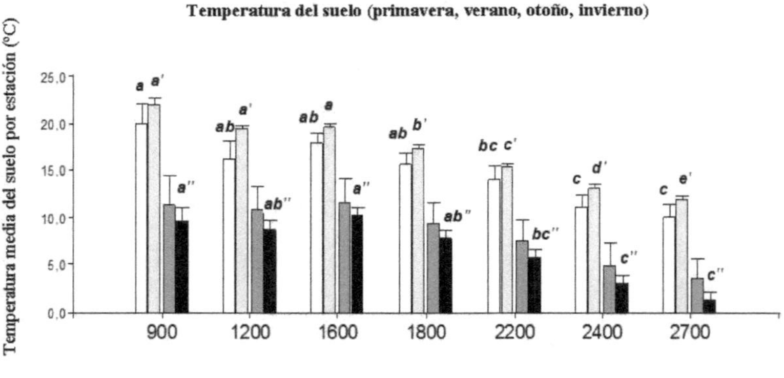

Fig. 2.6. Temperaturas medias de los suelos correspondientes a las cuatro estaciones del año registradas a lo largo del gradiente altitudinal en las Sierras Grandes de Córdoba. Datos correspondientes a tres años de registros (2008-2011). Cuatro ANOVAs independientes fueron realizados para cada estación (blanco: primavera; gris claro: verano; gris oscuro: otoño; negro: invierno). Las letras indican diferencias de medias entre altitudes dentro de cada estación. Los estadísticos fueron: Primavera (F=5.11; p=0.0057), Verano (F=39.21; p<0.0001), Otoño (F=1.36; p=0.296), Invierno (F=8.7; p=0.0005).

Por su parte, los porcentajes de humedad del suelo aumentan con la altitud (Tabla 2.1; Fig. 2.7; Fig. 2.8). Tanto la humedad media, como la máxima media y la mínima media estuvieron fuertemente relacionadas con la altitud y esas relaciones resultaron estadísticamente significativas (Regresión lineal, R^2=0,90; F=45,66; p=0,0011; R^2=0,90; F=46,26; p=0,0010 y R^2=0,90; F=45,96; p=0,0011, respectivamente).

Los altos porcentajes de humedad observados en invierno en las clausuras más altas pueden deberse a la acumulación de nieve en estas altitudes (observación personal).

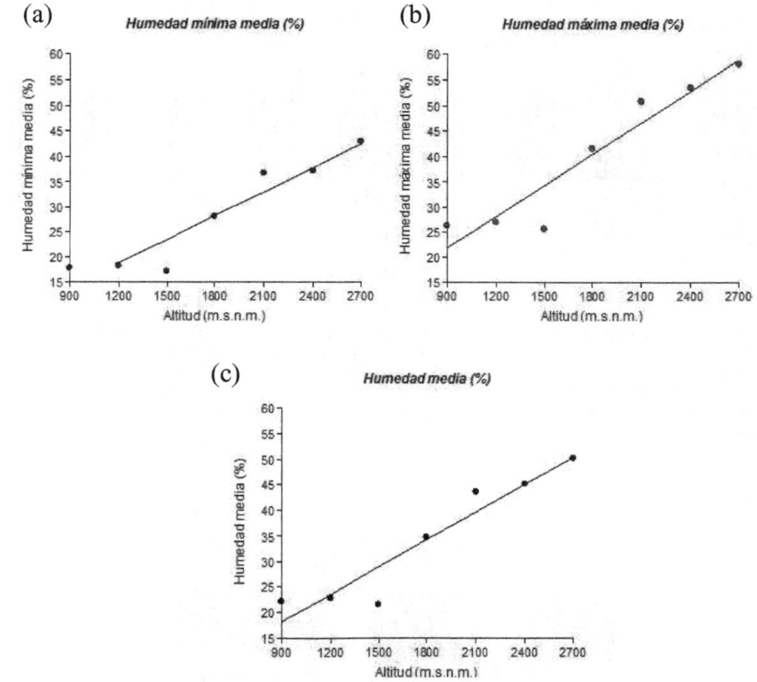

Fig. 2.7. (a) Humedad mínima media (R^2=0,90; F=45,96; P=0,0011), (b) máxima media (R^2=0,90; F=46,26; p=0,0010) y (c) media (R^2=0,90; F=45,66; p=0,0011) del suelo en un gradiente altitudinal en las Sierras Grandes de Córdoba. Datos correspondientes a tres años de registros (2008-2011).

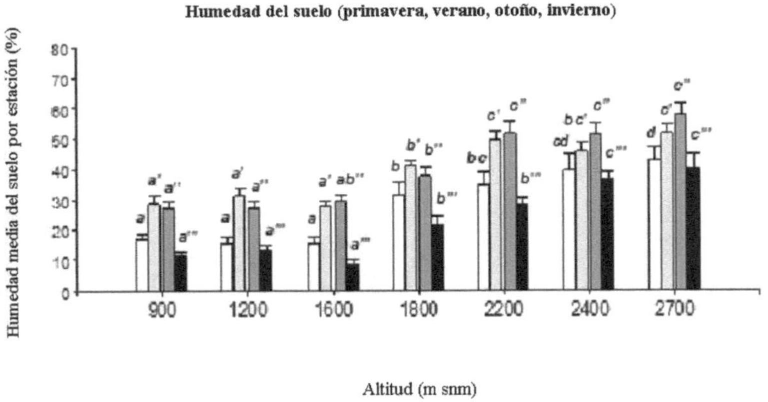

Fig. 2.8. Promedio del porcentaje de humedad en los suelos correspondientes a las cuatro estaciones del año a lo largo del gradiente altitudinal en las Sierras Grandes de Córdoba. Los datos corresponden a tres años de registros (2008-2011) promediando los valores obtenidos dentro de las clausuras. Cuatro ANOVAs independientes fueron realizados para cada estación (blanco: primavera; gris claro: verano; gris oscuro: otoño; negro: invierno). Las letras indican diferencias de medias entre altitudes dentro de cada estación. Los estadísticos fueron: Primavera (F= 46.83), Verano (F= 13.96), Otoño (F= 20.22), Invierno (F= 27.71), con un *p-valor*< 0.0001 en todos los casos.

Fig. 2.9. Aspecto que presentan diferentes sitios de muestreo en las Sierras Grandes de Córdoba en las cuatro estaciones del año. Las fotos de primavera y verano corresponden al sitio de estudio ubicado a 1.500 m.s.n.m. La imagen del otoño corresponde a la clausura ubicada a 1.800 m.s.n.m. Finalmente, a 2.700 m.s.n.m. se observa nieve caída durante el invierno.

Como puede observarse en la tabla 2.1, a lo largo de todo el gradiente altitudinal se encontraron suelos superficiales a poco profundos (35,2≤68,9 cm), aumentando levemente la profundidad de los mismos hacia el límite altitudinal superior. La excepción se presentó a los 1.800 m.s.n.m., donde el valor de profundidad (<25 cm de profundidad) indicaría la presencia de un suelo somero, caracterizado por un perfil típico A-C.

Las clases texturales que predominan a lo largo del gradiente son aquellas de granulometría moderadamente gruesa (Franco arenoso) a gruesa (Arenoso franco), a excepción de las muestras de suelo tomadas a los 2.100 m.s.n.m. y dos muestras tomadas a 2.700 m.s.n.m., que poseen una textura media (Franco). Estos tipos de suelo tienen entre sus principales características las de poseer un muy buen drenaje, así como una buena aireación (tabla 2.1).

Por su parte, en la tabla de análisis de las propiedades químicas del suelo (tabla 2.1), puede verse que el porcentaje de materia orgánica aumenta con la altitud, lo que concuerda con un aumento en la coloración del suelo a tonos más oscuros hacia el extremo superior del gradiente (observación personal). Asimismo, los porcentajes de carbono orgánico y nitrógeno aumentan a medida que se asciende en el gradiente.

El pH del suelo se caracteriza por ser levemente ácido a lo largo de todo el gradiente altitudinal, mostrando sus valores más bajos entre 1.500 y 2.100 m.s.n.m.

Finalmente, en un estudio realizado en los mismos sitios del gradiente altitudinal de esta Tesis, se vio que la frecuencia de bosteo promedio varió con la altitud, siendo mayor entre 1.500 y 1.800 m.s.n.m., disminuyendo hacia ambos extremos del gradiente altitudinal analizado. Las heces encontradas fueron en su mayoría de vacas, y en menor proporción, y no en todas las altitudes, de caballos, ovejas y cabras (Marcora *et al.*, 2013)

2.4. Selección y caracterización de las especies

A los efectos de estudiar la germinación y la supervivencia de plántulas a lo largo del gradiente altitudinal establecido, se seleccionaron tres especies representativas de los bosques de las sierras de Córdoba. Entre las especies del Bosque Chaqueño Serrano propiamente dicho (900 a 1.400 m.s.n.m.) se eligieron *Lithraea molleoides* y *Ruprechtia apetala*. Como especie representativa del piso de los Pastizales y Bosques de Altura (1.500 a 2.700 m.s.n.m.) (Luti *et al.*, 1979), fue seleccionada *Polylepis australis*. El criterio de selección de estas especies se basó en la idea de incluir especies cuyo rango actual de distribución se ubica por debajo del límite de bosques (*Lithraea molleoides* y *Ruprechtia apetala*) y una especie que domina en comunidades leñosas presumiblemente por arriba de ese límite (*Polylepis australis*). A tal efecto, se consideraron más de 500 inventarios florísticos realizados en los pisos del Chaco Serrano en Córdoba (Cabido *et al.*, 1998; Giorgis, 2011).

Lithraea molleoides (Vell.) Engl. (Fig. 2.10) es una especie arbórea perenne perteneciente a la familia de las Anacardiáceas, distribuida en Brasil, Bolivia, Uruguay, Paraguay y, dentro de Argentina, se extiende hasta las regiones montañosas del Oeste y centro del país (Martijena, 1987). Esta especie presenta un crecimiento lento (Lebedeff, 1932) y tejidos bien adaptados a períodos de sequía prolongados (Martijena, 1987). Es un árbol mediano, de entre 3 y 8 m de altura, de copa globosa, brillante, densa y compacta (Demaio *et al.*, 2002), que cumple un papel muy importante como protector de cabeceras de cuencas hidrográficas (Martijena, 1987; Demaio *et al.*, 2002). *Lithraea molleoides* es el árbol más característico del Bosque Serrano de la Provincia de Córdoba. En las Sierras de Córdoba se encuentra formando bosques entre los 500 y los 1.400 m.s.n.m. (Luti *et al.*, 1979; Giorgis *et al.*, 2011), encontrándose individuos aislados hasta los 1.750 m.s.n.m. (Giorgis *et al.*, 2011).

Fig. 2.10. Individuo adulto de *Lithraea molleoides*. Foto: Melisa Giorgis

Ruprechtia apetala Weddell (Fig. 2.11), es un árbol pequeño a mediano, de copa redondeada y hojas caducas, perteneciente a la familia de las Poligonáceas. Esta especie, asociada a terrenos montañosos, se distribuye a lo largo de Bolivia y Argentina, siendo una especie abundante en el Chaco Serrano, así como en la transición de éste con territorios fitogeográficos vecinos. Esta leñosa, al igual que *Lithraea molleoides*, a la que se encuentra asociada espacialmente, posee un crecimiento relativamente lento, siendo difícil encontrar en la actualidad ejemplares de gran porte, debido a la intensa tala a la que se ven sometidos los bosques serranos (Demaio *et al.*, 2002). En las Sierras de Córdoba se la ha registrado entre los 367 y los 1.079 m.s.n.m. (Giorgis *et al.*, 2011).

Fig. 2.11. *Ruprechtia apetala*. Detalle de ramas con frutos. Fotos: Melisa Giorgis

Finalmente, *Polylepis australis* Bitter (Fig. 2.12) es una especie arbórea perenne perteneciente a la familia de las Rosáceas. Es endémica de Argentina, siendo exclusiva de los bosquecillos de altura de las montañas del noroeste argentino en las provincias de Jujuy, Salta, Tucumán, Catamarca, Córdoba y San Luis, entre los 2.000 y los 3.500 m.s.n.m., siendo una especie que tiende a desarrollarse mejor en sitios con humedad elevada (Cingolani *et al.*, 2008; Marcora *et al.*, 2008, 2013). La combinación de uso doméstico para leña, sumado al ramoneo por ganado y los incendios, al ser la única especie leñosa de importancia a esas alturas (*Maytenus boaria* es generalmente menos abundante), hacen suponer que la superficie original cubierta por esos bosquecillos se ha reducido sensiblemente (Demaio *et al.*, 2002). Cabe señalar que el género *Polylepis* se distribuye también en los Andes, desde Venezuela hasta el centro de Argentina, incluyendo alrededor de 26 especies que forman los bosques ubicados a mayor altitud en el mundo (Kessler, 1995; Kessler & Schmidt-Lebuhn, 2006). En las últimas décadas se han desarrollado numerosas investigaciones en varias especies del género mostrando los efectos de los factores ambientales y antrópicos sobre ciertos parámetros poblacionales, principalmente con fines de conservación, dado que el área de distribución de las diferentes especies se ha visto severamente disminuida en las últimas décadas (Kessler, 2002, 2006; Renison *et al.*, 2002, 2004, 2006, 2010, 2013; Teich *et al.*, 2005; Cierjacks *et al.*, 2008a; Marcora *et al.*, 2008; Torres *et al.*, 2008; Gosling *et al.*, 2009; Giorgis *et al.*, 2010). En la Provincia de Córdoba se encuentra formando bosques a partir de los 1.700 m.s.n.m., pero también pueden observarse individuos aislados hasta los 900 m.s.n.m. (Cabido & Acosta, 1985).

Fig. 2.12. *Polylepis australis* en las Sierras de Córdoba. Individuo adulto y detalle de rama con hojas.

Capítulo III. Germinación y establecimiento de plántulas. Efecto de factores ambientales

3.1. Introducción

Diversos autores han señalado que la temperatura puede regular los límites de distribución de especies de plantas actuando sobre diferentes procesos asociados con la fase regenerativa (Despland & Houle, 1997; Hobbie & Chapin III, 1998). Esto sugiere que esta fase del ciclo de vida de las plantas puede actuar como una "etapa filtro" (*sensu* Houle, 1995, 1998), afectando la distribución de las especies en el espacio y, de esta manera, el límite superior de distribución de los bosques (Ver capítulo I).

La germinación de las semillas y el establecimiento de las plántulas constituyen fases del ciclo reproductivo de las plantas de vital importancia para el mantenimiento y regeneración de sus poblaciones (Fenner, 1987; Osunkoya *et al.*, 1993; Rees, 1997; Susko & Lovett-Doust, 2000); en la misma medida, la supervivencia de las plántulas es un aspecto del ciclo biológico de las plantas determinante en el reclutamiento de nuevos individuos y, con ello, la regeneración natural de los bosques (Harper, 1977). Dentro de los factores abióticos que controlan la germinación, la luz (Vázquez-Yanes *et al.*, 1990; Baskin & Baskin, 1998; Kyereh *et al.*, 1999; Pons, 2000; Daws *et al.*, 2002), la humedad (Pons, 2000; Probert, 2000) y la temperatura (Bell *et al.*, 1995; Baskin & Baskin, 1998; Probert, 2000), aparecen como los más relevantes, aunque su importancia relativa puede depender del ecosistema en cuestión. En aquellos sistemas en los cuales la humedad no es limitante, la germinación suele estar controlada por la temperatura (Dubetz *et al.*, 1962; Bierhuizen & Wagenvoort, 1974; Heydecker & Coolbear, 1977, en: Ferrari, 1999). Asimismo, en condiciones óptimas de disponibilidad de agua en el suelo, la temperatura es uno de los principales factores ambientales que influye no sólo en la proporción de semillas a germinar, sino también en la tasa de emergencia y el subsecuente establecimiento (Prasad *et al.*, 2006).

Veblen y colaboradores (2005) observaron que el establecimiento y la mortalidad de árboles de *Austrocedrus chilensis* en los Andes del Sur responden en forma directa a las variaciones climáticas (temperatura y humedad), lo que afecta la dinámica de los bosques de ciprés de la cordillera en el ecotono bosque-estepa. Marcora y colaboradores (2008, 2013) por su parte, han reportado que en las Sierras Grandes de Córdoba los cambios en las variables climáticas que ocurren con la altitud, reducen el crecimiento de los individuos de *Polylepis australis* en los extremos altitudinales superior e inferior de su distribución. Asimismo, Hoch & Körner (2005) encontraron que la mortalidad de plántulas de *Polylepis tarapacana* aumenta con la altitud.

Por otra parte, Barni y colaboradores (2012) encontraron que las variaciones estacionales en la temperatura tuvieron un poder explicativo más fuerte que la temperatura media anual en el análisis de la distribución de plantas exóticas; al mismo tiempo, estos autores destacaron que las limitantes están más bien relacionadas con las temperaturas que ocurren en la etapa de pre-emergencia y durante la estación de crecimiento, lo cual induciría a las plantas a germinar y/o brotar más tardíamente en altitudes medias y altas y, consecuentemente, a completar la etapa de crecimiento y reproducción en un tiempo más reducido (Griffith & Watson, 2005, en: Barni *et al.*, 2012).

Como se expuso en los capítulos anteriores, en Argentina el Distrito Chaqueño Serrano ocupa montañas del centro y nor-oeste (Cabrera, 1976), y se compone de pisos o zonas de vegetación distribuidos a lo largo del gradiente altitudinal de las sierras entre 500 y casi 3.000 m.s.n.m. En las montañas de Córdoba el Bosque Serrano se extiende actualmente entre 500 y 1.400 m.s.n.m. y en su límite superior forma complejos ecotonos con los matorrales y pastizales. Por encima de 1.700 m.s.n.m. la vegetación de altura de las Sierras Grandes consiste en un mosaico de pastizales alternando con afloramientos rocosos, zonas erosionadas y bosques de *Polylepis australis* (Cingolani *et al.*, 2004). Es así que la franja altitudinal entre 1.400 y 1.700 m.s.n.m. está desprovista de bosques, o al menos de parches más o menos extendidos de ellos. La causa que regula este patrón de distribución es aún motivo de controversia: mientras Luti y colaboradores (1979) hacen referencia a factores físicos integrados en la altitud, Cingolani y colaboradores (2008) y Giorgis (2011), destacan un posible efecto sinérgico entre el clima y el fuego, como limitantes principales del rango de los bosques.

En este capítulo se abordan algunos aspectos regenerativos que aportarían nueva información en relación a la influencia de los controles ambientales en los límites de distribución del Bosque Serrano y su potencial coexistencia con los bosquecillos de altura de *Polylepis australis*. Específicamente, el objetivo del capítulo es analizar el potencial de germinación y establecimiento en dos especies representativas del bosque chaqueño Serrano (*Lithraea molleoides* (Vell.) Engl. y *Ruprechtia apetala* Wedd.) y la dominante en los bosquecillos de altura (*P. australis*), bajo condiciones ambientales reales del gradiente altitudinal (campo) y frente a condiciones controladas de temperatura y luz, tanto intermedias como extremas (laboratorio). De este modo, nos proponemos responder: 1) si *L molleoides* y *R. apetala* tienen la potencialidad de germinar y establecerse por encima del límite altitudinal actual del Bosque Serrano y si *P. australis* puede establecerse por debajo de los 1.700 m.s.n.m., y 2) si las tres especies tienen el potencial de coexistir en parte del rango altitudinal actualmente desprovisto de bosques.

Hipótesis y predicciones particulares:

- La germinación de semillas de las tres especies estará condicionada por las temperaturas. Considerando los patrones actuales de distribución de las tres especies, se predice que: *Ruprechtia apetala*, mostrará un porcentaje mayor de germinación en el rango de temperaturas más elevadas; *Lithraea molleoides* tendrá mayores valores de germinación al someterse a temperaturas intermedias a altas (alrededor de los 25/15 ºC); mientras se espera que *Polylepis australis* manifieste un porcentaje superior de germinación en las temperaturas intermedias a bajas (20/10 ºC). A su vez, se espera obtener valores nulos de germinación para las dos especies propias del Bosque Serrano a 10/5 ºC, y un porcentaje de germinación bajo para *P. australis* en dicho rango térmico. Dado que no existen antecedentes de experimentos de germinación de semillas de estas especies en oscuridad permanente, se pretende aportar información nueva en relación al efecto de la luz sobre el proceso de germinación de las semillas de las especies en cuestión.

- La germinación de semillas de las especies en estudio varía a lo largo del gradiente altitudinal en respuesta a los cambios en temperatura y humedad. Se predice que las especies propias del Bosque Serrano, *Lithraea molleoides* y *Ruprechtia apetala*, acusarán una disminución progresiva en su germinación hacia el extremo de mayor altitud, asociado a una disminución en la temperatura, en tanto que la humedad no será limitante en las zonas altas del gradiente. Por el contrario, se espera que *Polylepis australis*, manifieste una disminución en sus niveles de germinación conforme aumente la temperatura y disminuya la humedad del suelo, hacia los niveles más bajos del gradiente altitudinal.

- En términos de emergencia y establecimiento de plántulas, la franja altitudinal desprovista de bosques tendría la potencialidad de albergar una comunidad de transición, con las dos especies leñosas propias del Bosque Serrano y la especie dominante de los bosquecillos de altura. Se espera que cada especie mantenga la tendencia mostrada en la etapa de germinación. Por consiguiente, *Lithraea molleoides* y *Ruprechtia apetala* acusarán una disminución progresiva hacia el extremo de mayor altitud, asociado a una disminución en la temperatura, en tanto que se espera que *Polylepis australis* manifieste una disminución conforme aumente la temperatura, hacia los niveles más bajos del gradiente altitudinal, logrando establecerse dentro de sus límites de distribución conocidos y dentro de la franja media del gradiente.

3.2. Materiales y métodos

3.2.1. Recolección de semillas de las especies de estudio

Las especies seleccionadas para abordar el objetivo del estudio fueron *Lithraea molleoides* y *Ruprechtia apetala*, como representativas del Bosque serrano, y *Polylepis australis*, especie de los niveles altitudinales superiores. A los efectos de obtener las semillas para los ensayos de germinación, la recolección de frutos de las plantas adultas se realizó en, al menos, 50 individuos de cada especie, seleccionados en recorridos al azar en el área de estudio, abarcando la mayor parte posible de la variabilidad existente en cuanto a altitud, pendiente, tipos de vegetación, fisiografía y distancias a casas, caminos y cursos de agua. Se extrajeron manualmente las semillas y se almacenaron momentáneamente en heladera (4 °C) hasta su utilización en los experimentos de laboratorio y campo. Para cada especie se realizó un "pool" con las semillas provenientes de todos los frutos recolectados a campo en las distintas localidades; esto obedeció a que, de acuerdo a la distribución actual de las especies, la densidad de individuos adultos (fuentes de semillas) no es homogénea a lo largo del área de estudio. La formación del pool de semillas permite estandarizar las diferencias según el lugar de origen y asegurar una mayor variabilidad genética.

3.2.2. Experimentos de germinación potencial en el laboratorio

Se dispusieron 30 semillas de cada una de las tres especies en estudio en cajas de Petri de 9 cm de diámetro sobre papel de filtro humedecido con agua destilada. Luego, dichas cajas se colocaron en cámaras provistas de tubos fluorescentes de luz blanca fría de 20 W, con una irradiación (400-700 nm) de aproximadamente 38 μmol m^{-2} s^{-1}. Se evaluó la germinación bajo cuatro termo-períodos (12/12 horas luz/oscuridad): 10/5 °C, 20/10 °C, 25/15 °C y 35/20 °C. Los tratamientos establecidos tienen por objetivo realizar observaciones de la respuesta de la germinación frente a rangos extremos e intermedios de temperatura. Se establecieron cuatro réplicas (cajas) por especie y por tratamiento (480 semillas por especie). A su vez, los cuatro termo-períodos se replicaron bajo oscuridad permanente, condición que se logró cubriendo las cajas de Petri con papel aluminio (Funes & Venier, 2006) (Fig. 3.1). La germinación fue controlada diariamente, con la excepción de las cajas de Petri cubiertas con papel aluminio, las cuales fueron controladas al final de cada experimento. La duración de los experimentos fue de 40 días. El criterio para considerar a una semilla como germinada fue la emergencia de la radícula en 2 mm (ISTA, 1996).

Debido a que en un primer ensayo con *L. molleoides* hubo gran proliferación de hongos, las semillas fueron lavadas con una solución de hipoclorito de sodio (lavandina comercial) al 10% por 10 minutos y se enjuagaron con agua destilada; durante este proceso se removió completamente la pulpa de los frutos (Fig. 3.2). Una vez puestas las semillas en cápsulas de Petri, fueron regadas con agua destilada y con una solución de fungicida (benomil) al 0,05%.

Fig. 3.1. Cámara de germinación.

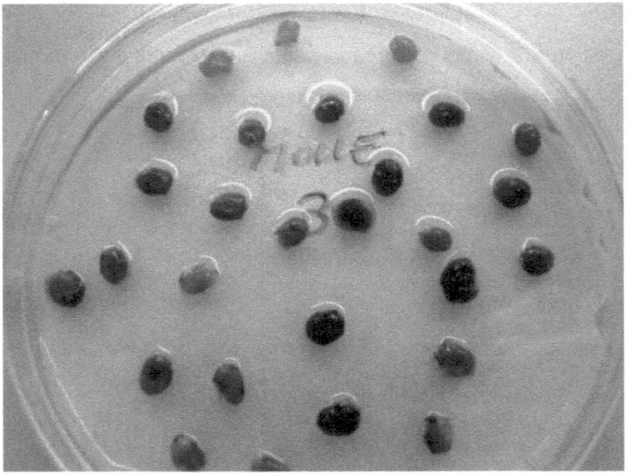

Fig. 3.2. Semillas de *Lithraea molleoides* sin pulpa.

3.2.3. Emergencia y establecimiento de plántulas a campo

El experimento de emergencia y establecimiento de plántulas se realizó en parcelas permanentes instaladas en siete sitios establecidos a intervalos aproximadamente regulares, de 300 m de altitud, abarcando el gradiente altitudinal completo de las Sierras de Córdoba en el área de estudio (900 a 2.700 m.s.n.m.) (ver capítulo II). En cada nivel altitudinal, dentro de cada una de las clausuras, se delimitaron tres parcelas de 4x4 m; en cada una de esas parcelas se colocó una jaula de acero inoxidable por especie (estructuras cilíndricas de 50 cm de diámetro, 45 cm de alto, recubiertas lateralmente por una malla fina y con una malla de 1cm en la parte superior), con el fin de impedir el acceso de roedores y aves, así como para evitar el lavado de las semillas por escorrentía del agua de lluvia (Fig. 3.3). En cada jaula se sembró un número constante de semillas de cada especie: 100 semillas por jaula y por parcela en el caso de *Ruprechtia apetala* y *Lithraea molleoides*, y 200 semillas en el caso de *Polylepis australis*. La siembra se realizó en septiembre de 2009, colocándose las semillas en la superficie del suelo y cubriéndolas ligeramente con la broza circundante.

La emergencia de plántulas se registró mensualmente durante 6 meses, permitiendo conocer el porcentaje de establecimiento (germinación + supervivencia), aunque no fue posible distinguir semillas sin germinar de aquellas germinadas cuyas plántulas no sobrevivieron.

Fig. 3.3. Jaulas de acero inoxidable (estructuras cilíndricas de 50 cm de diámetro, 45 cm de alto, recubiertas lateralmente por una malla fina y con una malla de 1cm en la parte superior), utilizadas a los efectos de evitar la predación de semillas por parte de micromamíferos y de aves.

3.2.4. Análisis de datos

Para el análisis de los datos correspondientes a los ensayos de germinación en laboratorio, para cada especie se emplearon Modelos Lineales Generales y Mixtos (MLGs) con el termo-período, foto-período y su interacción como variables fijas. Se buscó el menor valor de AIC en todos los casos. Por tal motivo, sólo en el caso del análisis de *Polylepis australis* se empleó VarPower en el tratamiento Luz/Oscuridad. Las diferencias de medias se compararon con DGC como test *a posteriori*.

En el caso del establecimiento a campo, se realizaron los análisis de datos mediante Modelos Lineales Generales y Mixtos (MLGs), previa transformación de la proporción del establecimiento a arco seno de la raíz cuadrada. La altitud se empleó como variable fija y las diferencias de medias se compararon con DGC como test *a posteriori*.

Finalmente, mediante regresión múltiple se evaluó cuánto influye la temperatura media y la humedad media en el porcentaje de establecimiento a lo largo de todo el gradiente altitudinal.

3.3. Resultados

3.3.1. Experimentos de germinación en el laboratorio

La interacción entre termo y foto períodos en *Ruprechtia apetala* fue significativa (F=10,54; p=0,0001). No hubo germinación en el termo-período 10/5 ºC, pero la especie mostró valores de germinación altos y similares en los restantes rangos de temperatura (80,83% a 20/10 ºC en luz a 59,17% a 35/20 ºC en oscuridad). La oscuridad permanente no modificó los valores de germinación en los tratamientos de mayor temperatura (25/15 °C y 35/20 °C) pero sí los redujo significativamente en el tratamiento de 20/10 °C, con una media de 27,5% (Fig. 3.4a).

Por su parte, la interacción de factores en *Lithraea molleoides* también fue significativa (F=6,78; p=0,0018) y, al igual que en *R. apetala*, tampoco se registró germinación en el termo-período 10/5 ºC. En general, esta especie exhibió valores de germinación bajos en todos los tratamientos. Los valores más altos se registraron a 20/10 °C, en oscuridad permanente, con un valor medio de germinación de 26,67%. En los termo-períodos más altos sólo se observó germinación en condiciones de luz (12,5% a 25/15 °C y 4,17% a 35/20 °C) (Fig. 3.4b).

Polylepis australis también mostró un efecto significativo de la interacción de factores (F=3,07; p=0,0471), observándose, a diferencia de las dos especies anteriores, germinación en todos los termo-períodos, tanto en luz como en oscuridad, siendo la única especie que germinó en el termo-período 10/5 °C. Los mayores valores de germinación se registraron en los tratamientos de 20/10 °C en oscuridad (31,67%) y 25/15 °C en condiciones de luz (21,67%) (Fig. 3.4c).

De los dos factores en estudio (temperatura y luz/oscuridad), la temperatura fue el principal regulador del proceso de germinación en las especies consideradas, siendo significativa para las tres especies (p<0,0001 en todos los casos). El tratamiento luz/oscuridad, por su parte, resultó estadísticamente significativo únicamente en la germinación de semillas de *R. apetala*, con un *p-valor*=0,0024 (F=11,48), mostrando una disminución del porcentaje de germinación a menos de la mitad en condición de oscuridad en el rango de temperaturas de 20/10 °C. *L. molleoides*, por el contrario, mostró un leve aumento de la germinación en el caso de las semillas bajo oscuridad permanente, mientras que en *P. australis* se observó una leve diferencia a favor de la oscuridad permanente en el termo-período 20/10 °C.

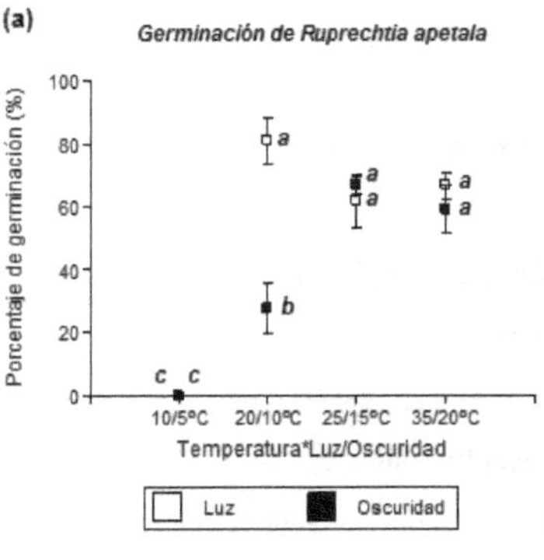

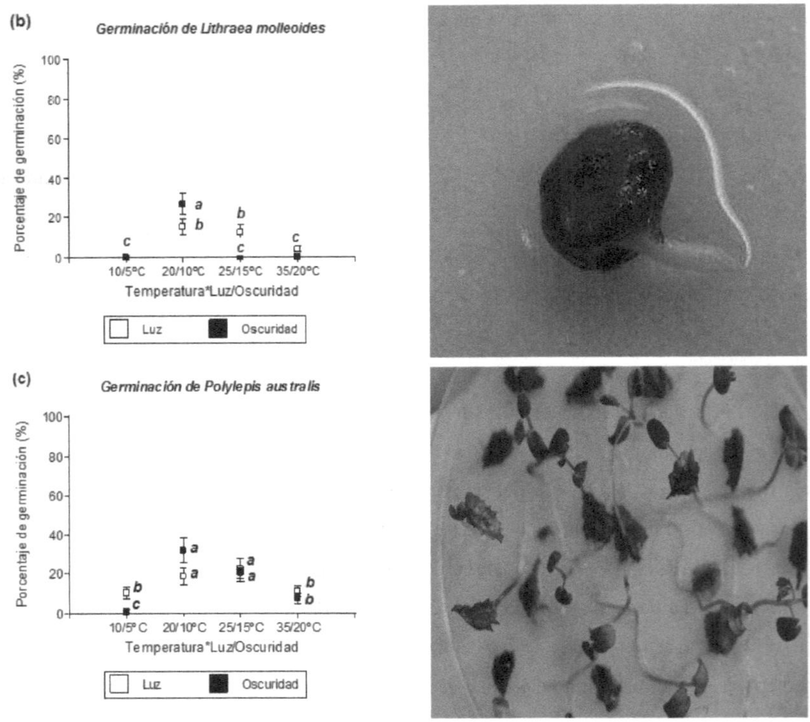

Fig. 3.4. Porcentaje de germinación de: (a) *Ruprechtia apetala*, (b) *Lithraea molleoides* y (c) *Polylepis australis* tras 40 días de incubación en 4 termo-períodos (12 horas luz/12 horas oscuridad). Los gráficos muestran la interacción, donde los puntos blancos corresponden a los porcentajes de germinación bajo condiciones controladas de luz (12 horas luz/12 horas oscuridad) y los negros bajo oscuridad permanente (24 horas). Las letras indican diferencias significativas (DGC, $p<0,05$).

3.3.2. Emergencia y establecimiento de plántulas a campo

Ruprechtia apetala mostró los valores más altos de emergencia a los 90 días de la siembra (entre 19% y 25%). La mayor altitud a la cual se registraron plántulas de esta especie fue 2.400 m.s.n.m. Sin embargo, hubo una alta mortalidad de plántulas, por lo cual el establecimiento medio al final de la estación de crecimiento (marzo 2010) fue de 0,08 a 1.500 m.s.n.m., 0,05 a 900 m.s.n.m. y nulo en el resto del gradiente (Fig. 3.5a). El efecto de la altitud al final de la estación de crecimiento (marzo 2010) no fue estadísticamente significativa (F=1,88; p=0,1559). Por su parte, el análisis de regresión múltiple del porcentaje de establecimiento de *R. apetala* con la temperatura media y la humedad media no estuvieron relacionadas, no presentando además diferencias significativas (R^2=0,19;

F=1,00E-05; p=0,9975; R^2= 0,19, F=0,66; p=0,4283). El detalle de resultados del análisis de datos y el test *a posteriori* correspondiente a cada fecha se muestra en la Tabla 1 del Apéndice 1.

En *Lithraea molleoides* se registró una emergencia muy baja a los 90 días de la siembra, a lo largo de casi todo el gradiente altitudinal, observándose la mayor emergencia a los 900 m.s.n.m. (0 - 5,33%). La emergencia de plántulas en la mayor altitud fue posterior, alcanzando valores de 7,33% a los 150 días de siembra. Hacia el final de la estación de crecimiento (altitud estadísticamente significativa, F=5,88; p=0,003), la supervivencia de las plántulas fue del 12% ($\dot{x}$ =0,35) a los 2.700 m.s.n.m. Los valores de media del establecimiento fueron muy variables entre los diferentes niveles altitudinales, con registros máximos a 1.200 m.s.n.m. ($\dot{x}$ =0,43), nulos a 1.800 m.s.n.m, e intermedios en los restantes sitios (Fig. 3.5b). No se observó relación entre el establecimiento de las plántulas de *L. molleoides* con la temperatura del suelo (R^2=0,13; F=1,6; p=0,2224) ni con la humedad media (R^2=0,13; F=2,42; p=0,1373). El detalle de resultados del análisis de datos y el test *a posteriori* correspondiente a cada fecha se muestra en la Tabla 2 del Apéndice 1.

En *P. australis*, se observó un retardo en la germinación a mayores altitudes, por lo cual a los 90 días después de la siembra los valores más altos de emergencia de plántulas se registraron a 1.200 m.s.n.m. (5,83%). No obstante, hacia el final de la estación de crecimiento (altitud: F=10,08; p=0,0002), el establecimiento de plántulas fue máximo a los 2.400 ($\dot{x}$ =0,26) y 2.700 m.s.n.m. ($\dot{x}$ =0,32), siendo nulos a 900 m.s.n.m. y con valores de media menores a 0,10 entre los 1.800 y 2.100 m.s.n.m. (Fig. 3.5c). Finalmente, el análisis de regresión múltiple indicó que la temperatura media influyó en el porcentaje de establecimiento de plántulas en *P. australis* (R^2=0,62; F=11,91; p=0,0028), en tanto que la humedad media resultó no significativa (R^2=0,62; F=2,24; p=0,152). El detalle de resultados del análisis de datos y el test *a posteriori* correspondiente a cada fecha se muestra en la Tabla 3 del Apéndice 1.

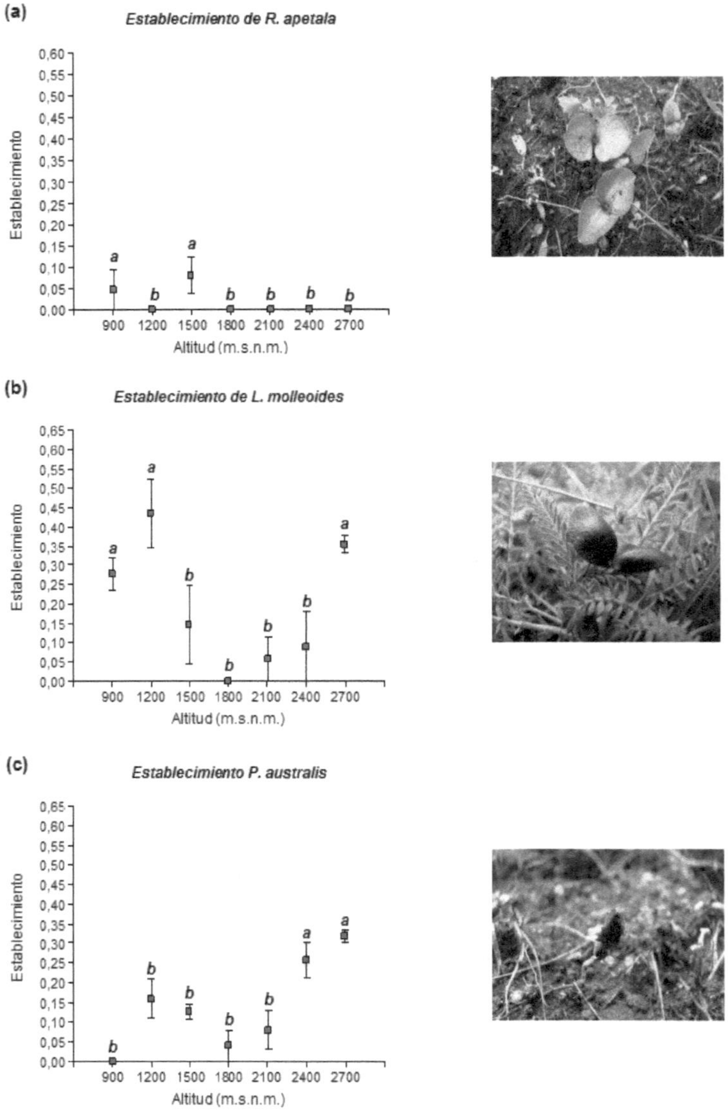

Fig. 3.5. Establecimiento medio expresado como arco seno de la raíz cuadrada de la proporción de plántulas al final de la estación de crecimiento de (a) *R. apetala*, (b*)* *L. molleoides* y (c) *P. australis* en los siete niveles altitudinales en las Sierras Grandes de Córdoba. La figura muestra el establecimiento a los seis meses de haber sido sembradas las semillas (septiembre 2009 – marzo 2010). Letras diferentes indican diferencias significativas (DGC, $p<0,05$).

3.4. Discusión

Las Sierras Grandes de Córdoba presentan, aún en su extremo de mayor altitud, temperaturas superiores al umbral térmico señalado por Körner & Paulsen (2004) como limitante de la distribución de bosques a escala global. En concordancia, numerosos antecedentes avalan la adecuación climática de los bosquecillos de altura de *P. australis* por encima de los 1.700 m.s.n.m. (Cingolani *et al.*, 2004; Enrico *et al.*, 2004; Renison *et al.*, 2005; Teich *et al.*, 2005; Marcora *et al.*, 2008, 2013). Sin embargo, existe mayor controversia sobre los factores que determinan la ausencia de bosques entre 1.400 y 1.700 m.s.n.m., franja ocupada por matorrales y pastizales que representan una discontinuidad entre los bosquecillos de altura y el bosque chaqueño serrano. Los resultados de este trabajo sugieren que, al menos en términos de emergencia y establecimiento de plántulas de las especies estudiadas, esta franja altitudinal tiene el potencial de albergar una comunidad de transición, con elementos leñosos propios del bosque serrano y de los bosquecillos de altura. Estos resultados aportan nuevas evidencias a las observaciones de Giorgis y colaboradores (2011) quienes registraron la presencia de individuos de las principales leñosas del Bosque Serrano a lo largo de un gradiente altitudinal entre 367 y 1.750 m.s.n.m., y también individuos de las dos leñosas dominantes en los Bosques de Altura, *Maytenus boaria* y *Polylepis australis* en la parte superior de ese gradiente. Asimismo, Marcora y colaboradores (2013) evaluaron la supervivencia de plantines de *Polylepis australis*, *Maytenus boaria* y *Escallonia cordobensis* en las Sierras Grandes de Córdoba, encontrando que las tres especies sobrevivieron exitosamente a lo largo de todo el gradiente altitudinal, inclusive en la franja desprovista de bosques.

Si bien los valores de germinación en laboratorio de las especies propias del Bosque Serrano, *Lithraea molleoides* y *Ruprechtia apetala*, fueron nulos en la temperatura más baja (10/5 °C), es notable que ambas especies puedan germinar en los sitios a mayor altitud de las Sierras Grandes donde la temperatura media del suelo es inferior a la temperatura diurna simulada en laboratorio (6,38 °C y 7,93 °C para los 2.700 y 2.400 m.s.n.m., respectivamente). Probablemente, dicha diferencia en los valores de germinación entre lo observado en el campo y en el laboratorio, se deba a que las semillas tardan más en empezar a germinar a mayor altitud (bajas temperaturas), y que el tiempo de experimentación en las cámaras de cría no haya sido suficiente, ya que en el campo *R. apetala* mostró su máximo valor al cabo de 90 días de realizada la siembra, mientras que *L.*

molleoides lo hizo luego de 150 días. Por otra parte, aunque los resultados estadísticos obtenidos mediante regresión múltiple indicaron que la humedad media del suelo no explicaría el establecimiento de ninguna de las especies en condiciones naturales, quizás eso se deba a los bajos porcentajes de plántulas vivas. Probablemente algunos momentos de alta irradiación y baja humedad puedan haber determinado tanto la demora en que se presenten condiciones óptimas para la germinación de las semillas, como su muerte, una vez germinadas las mismas.

Por otra parte, la máxima germinación de las semillas de *L. molleoides* obtenida en este trabajo coincide con los resultados de Bianco (1989), con una germinación óptima entre los 22 °C y los 24 °C. Temperaturas altas sostenidas y la estabilidad climática son también necesarias para la germinación exitosa y, más importante aún, para el crecimiento de las plántulas (Hobbie & Chapin, 1998; Danby & Hik, 2007a, en: Danby & Hik, 2007b). La similitud en los porcentajes de supervivencia de plántulas de *L. molleoides* con los de *Polylepis australis*, sugiere que el límite altitudinal actual de la primera, no estaría determinado por restricciones climáticas a la germinación, emergencia y establecimiento de sus plántulas, sino probablemente a factores que inciden sobre un estadio posterior de desarrollo y/o a perturbaciones relacionadas al uso de la tierra. Asimismo, los bajos porcentajes de emergencia de plántulas observados para *L. molleoides*, aún dentro de su rango óptimo, como así también el bajo y variable porcentaje de supervivencia de las mismas en el campo, indicarían que, independientemente de la altitud (y la consecuente variación de la temperatura del suelo), estas fases de regeneración podrían ser un "cuello de botella" para formar poblaciones estables y expandir su rango de distribución. En el caso de *R. apetala*, los ensayos de laboratorio muestran consistentemente cómo temperaturas inferiores a los 20/10 °C reducen los valores de germinación de la especie (en general superior al 60% a temperaturas favorables). Es posible que la ausencia de relación entre el establecimiento a campo de esta especie y la temperatura del suelo se deba a que al final de la estación de crecimiento sólo se encontraron individuos vivos en los tres puntos inferiores del gradiente (por debajo de los 1.500 m.s.n.m.) donde las diferencias de temperatura son menos marcadas (capitulo II - Figs. 2.5 y 2.6). En este sentido, se sugiere que el patrón de germinación observado en laboratorio, sumado a la alta mortalidad de sus plántulas en general y, especialmente, por encima de los 1.500 m.s.n.m., avalaría el control climático como causa subyacente a la ausencia de esta especie a mayor altitud en las Sierras Grandes de Córdoba. En relación a esto, Verzino y colaboradores (2004) evaluaron el comportamiento de *Lithraea molleoides* y otras cinco especies forestales nativas en zonas de pastizales de altura de las Sierras de Córdoba, y concluyeron que las temperaturas mínimas parecen ser el factor más importante para el establecimiento de las especies nativas, ya que sufrieron las consecuencias de las bajas temperaturas invernales, observándose daños en hojas y tallos y hasta la muerte. Por su parte, Danby & Hik (2007a) sostuvieron que las bajas temperaturas extienden el tiempo entre la germinación y la maduración aumentando el riesgo de mortalidad de las plántula. Por lo tanto, el régimen de temperaturas favorables durante estas etapas tempranas de la vida, es crítico para el reclutamiento exitoso (ver también Wang *et al.*, 2006, en: Danby & Hik, 2007b). Es así que diversos factores limitantes, como la deficiencia hídrica y las altas temperaturas, pueden afectar la sobrevivencia y el establecimiento de plántulas (Kitajima & Fenner, 2000). No obstante, Schupp (1995) indicó que existen conflictos intra-específicos semilla-plántula, en los cuales el crecimiento de plántulas o la supervivencia pueden ser pobres en sitios propicios para la germinación de semillas y viceversa.

En el caso de *P. australis*, los bajos valores de germinación observados, tanto a campo como en el laboratorio, bajo condiciones óptimas, coinciden con estudios previos llevados a cabo en esta especie, y podrían relacionarse a que, en promedio, sólo el 10% de las semillas tienen embrión (Renison & Cingolani, 1998; Enrico *et al.*, 2004; Renison *et al.*, 2004; Seltmann *et al.*, 2007). En el campo, los valores de emergencia observados a mayores altitudes y la correlación negativa con la elevación, coinciden con los patrones descriptos por Marcora y colaboradores (2008) en el mismo sistema.

Los patrones de germinación observados para las tres especies en este estudio, coinciden con las conclusiones de Funes y colaboradores (2009), quienes apoyan la idea de que este proceso está asociado con las temperaturas típicas de la época estival, momento del año en que se concentran las precipitaciones; por otra parte, en estos sistemas de lluvias estacionales, la luz no sería un factor determinante en el proceso de germinación. En *Ruprechtia apetala* se observó que fuera de su rango óptimo de temperatura, la germinación fue significativamente diferente en luz que en oscuridad, lo cual sugiere que la respuesta a la luz puede estar relacionada con la temperatura a la que sus semillas son expuestas. Este comportamiento ha sido observado en especies con diferentes formas de vida y de distintos ecosistemas, lo que sugiere que es una respuesta especie-dependiente (Baskin & Baskin 1998; Pons, 2000, en: Funes *et al.*, 2009).

A pesar de que *P. australis* es una especie altamente restringida en su distribución a los sectores más altos de las Sierras de Córdoba, nuestros resultados a campo y en laboratorio ponen de manifiesto que es capaz de germinar en un amplio rango de condiciones de luz y temperatura. Podría afirmarse que, dentro de la fase de regeneración que involucra a la germinación, emergencia y establecimiento de plántulas, esta especie no tendría inconvenientes en mantener sus poblaciones, e incluso aumentar su rango de distribución, hacia altitudes inferiores. En este sentido, Marcora y colaboradores (2008, 2013) han documentado la presencia de individuos reproductivos hasta los 900 m.s.n.m., aunque con menores tasas de crecimiento y reproducción que a mayores altitudes. En dicho trabajo, los individuos de *P. australis* encontrados en la zona inferior del gradiente altitudinal (900 y 1.200 m.s.n.m.), se observaron sólo sobre el cauce de los ríos y/o vías de escurrimiento, lo cual podría indicar una posible influencia de la humedad sobre el establecimiento. Los resultados encontrados por Marcora y colaboradores (2008, 2013) concuerdan con los datos de temperatura y humedad presentados en el capítulo II, a partir de los cuales podría inferirse que en sectores bajos del gradiente las plántulas podrían sufrir estrés hídrico, lo cual reduciría su supervivencia. En relación a esto, Crawley (1997) indicó que la sequía puede ser causal de muerte de hasta un 100% de las plántulas. Valladares y colaboradores (2005), por su parte, indicaron que los efectos de la sequía son más importantes en las fases iniciales del desarrollo de plántulas de *Quercus ilex* y *Phillyrea latifolia*.

En base a los resultados obtenidos en el campo y en el laboratorio, sugerimos que tanto *Lithraea molleoides* como *Ruprechtia apetala*, tienen la potencialidad de germinar por arriba del límite altitudinal actual del Bosque Serrano, pero que la supervivencia de las plántulas de *R. apetala* estaría significativamente comprometida a altitudes superiores a 1.500 m.s.n.m. En este sentido, la presencia de individuos aislados de *L. molleoides* por arriba de los 1.500 m.s.n.m., sugiere que la distribución actual del bosque serrano (por debajo de los 1.400/1.300 m.s.n.m.), sería el resultado de la interacción entre las bajas temperaturas y la historia de uso (fuego y ganadería) (Giorgis *et al.*, 2011). Esto coincide con resultados reportados para el límite superior de las Yungas en el noroeste de Argentina (Grau, 2006) y con los límites de distribución de bosques en numerosas regiones montañosas del mundo (Young, 1993; French *et al.*, 1997; Cavelier *et al.*, 1998; Kramer *et al.*, 2003; Pillar, 2003; Cairns & Moen, 2004; Martin *et al.*, 2007; Sherman *et al.*, 2008; Coop *et al.*, 2010), en las cuales se ha observado que los cambios en la vegetación y, particularmente, en la presencia de árboles asociados con la altitud, se encuentran condicionados por la interacción entre factores antrópicos y variables climáticas.

Stewart y colaboradores (2000) indicaron que las perturbaciones de origen antrópico pueden generar heterogeneidad de hábitat afectando la supervivencia de las semillas y la germinación. Entre los factores antrópicos más importantes se destacan la tala, el fuego y la explotación ganadera (referencias en Bell *et al.*, 1995). Estos factores pueden alterar la estructura de la vegetación, modificando las condiciones ambientales de temperatura, luz y humedad a la escala de microhábitat, es decir el lugar donde ocurre la germinación. Con respecto al ganado doméstico, los efectos pueden ser contrapuestos según la etapa considerada. Por un lado, pueden ser importantes agentes de dispersión de las semillas, facilitando el traslado de las mismas hacia nuevos sitios alejándolas de la planta madre (Gardener *et al.*, 1993; Traveset, 1998; referencias en Campos *et al.*, 2007, 2008). Sin embargo, una vez producida la germinación, la herbivoría puede ser un factor crítico para la supervivencia de las plántulas recién establecidas (Janzen, 1970; Connel, 1971; Armstrong & Westoby, 1993; Harmer, 2001; Bellingham & Allan, 2003).

Si bien las restricciones climáticas inciden en la estructura de la vegetación en las Sierras Grandes de Córdoba, una larga historia de uso antrópico ha tenido posiblemente una fuerte influencia sobre la composición, la distribución y la abundancia actual de las comunidades y los patrones espaciales de las especies (Pucheta *et al.*, 1997; Cingolani *et al.*, 2003, 2004, 2008; Teich *et al.*, 2005; Renison *et al.*, 2006). Debido a que el clima no permitió explicar totalmente las razones por la cual la franja media del gradiente altitudinal de las Sierras Grandes de Córdoba está desprovista de bosques, en el capítulo siguiente abordaremos el estudio de la influencia de la herbivoría por ganado doméstico sobre la supervivencia de renovales de las tres leñosas nativas, así como el posible efecto de la interacción entre la herbivoría por ganado doméstico y la altitud (temperatura).

CAPÍTULO IV. Efecto conjunto de la temperatura y la herbivoría en la supervivencia y crecimiento de renovales

4.1. Introducción

Las comunidades vegetales se suceden a lo largo de gradientes altitudinales en respuesta a los cambios en variables ambientales críticas para el desarrollo de las plantas, como la temperatura (Tranquillini, 1979; Morales *et al.*, 2004). Tal como se indicó en los capítulos precedentes de esta Tesis, los estudios a escala global de la distribución de bosques en gradientes altitudinales, concluyen que el límite de crecimiento arbóreo estaría determinado por la isoterma de 6,7 °C de temperatura media del suelo durante la estación de crecimiento (Körner & Paulsen, 2004). Sin embargo, los factores que controlan los límites entre los tipos de vegetación a altitudes inferiores al límite de distribución de árboles son más complejos y no dependerían sólo de las temperaturas (Van del Hammen, 1984, citado por Cabrera, 1996). Algunos autores han reportado que la herbivoría por ganado doméstico es un factor muy influyente sobre los patrones de distribución de la vegetación en montañas (Ellenberg, 1988; Cuevas, 2000; Cairns & Moen, 2004), mientras otros consideran que la influencia conjunta del clima y la herbivoría dificultaría el establecimiento de nuevos individuos arbóreos (Tranquillini, 1979; Gamache & Payette, 2004; Grace, 1989; Cuevas, 2000; Dullinger *et al.*, 2004; Marcora *et al.*, 2013). Por lo tanto, Cairns & Moen (2004) destacan la conveniencia de considerar tanto al clima como a la herbivoría por ganado cuando se pretende entender los factores que controlan la distribución de especies arbóreas en gradientes altitudinales.

Las dificultades para superar distintos tipos de estrés y perturbaciones hacen de los primeros estadíos del ciclo de vida de muchas plantas el período con más alto riesgo de mortalidad (Norden *et al.*, 2009). Como consecuencia de ello, la germinación de la semilla y el establecimiento de las plántulas son procesos claves para la regeneración de las especies de plantas y para su expansión y persistencia en el paisaje (Grubb, 1977; Kitajima & Fenner, 2000). Una vez que las semillas están disponibles en un sitio, los factores bióticos y abióticos actúan como filtros, afectando la germinación y la supervivencia y establecimiento de las plántulas (Houle, 1996; Díaz *et al.* 1998; Myers & Harms, 2009). A partir de la emergencia, las plántulas deben crecer rápidamente y desarrollar un sistema radical que les asegure el acceso al agua y a los nutrientes, es decir, que les confiera capacidad competitiva para acceder a los recursos (Villar *et al.*, 2004). En este contexto es importante determinar cuáles son los requerimientos de las especies en los procesos regenerativos, siendo muchas veces diferentes las condiciones óptimas para el proceso de germinación, que las requeridas durante el proceso de establecimiento y supervivencia de las plántulas (Grubb, 1977). Sin embargo, dado que la herbivoría en fases tempranas puede interactuar con los factores abióticos y condicionar el establecimiento de las plántulas, cobra relevancia entender la influencia conjunta de ambos factores. Es esperable que la influencia de la herbivoría sobre la estructura de la vegetación dependa de la susceptibilidad de las especies leñosas al daño, el comportamiento de los herbívoros y su interacción con factores abióticos. Es así que el estudio de las relaciones entre estos factores permite entender algunas barreras que limitan el proceso de regeneración del bosque (Aide & Cavelier, 1994).

Como se mencionara en capítulos anteriores, Luti y colaboradores (1979) describieron a la vegetación actual de las sierras del centro de Argentina formada por pisos altitudinales, considerando al clima como el principal determinante de esta distribución. Sin embargo, estudios recientes mostraron que la influencia de las actividades humanas como la tala, el manejo del fuego y la cría de ganado, afectan negativamente la supervivencia y el crecimiento de las especies de los bosques de altura (Renison *et al.*, 2002, 2005, 2006, 2015; Teich *et al.*, 2005; Giorgis *et al.*, 2010), y que los remanentes de bosque, en general, se encuentran lejos de la influencia del hombre (caminos, senderos, asentamientos humanos, etc.) (Cingolani *et al.*, 2008). Por otra parte, en un estudio realizado por Marcora y colaboradores (2008), el cual abarcó el rango altitudinal completo de *Polylepis australis*, la especie dominante de los bosques de altura, se registró una fuerte influencia de la altitud sobre el crecimiento y la fecundidad de esa especie, a pesar de observar que la misma puede crecer hasta la máxima altitud con porte arbóreo. En dicho trabajo no se pudo discriminar entre el efecto ambiental y el efecto ejercido por los herbívoros domésticos. No obstante, en un estudio reciente llevado a cabo en el mismo gradiente altitudinal, Marcora y colaboradores (2013) concluyeron que el ganado dificultaría fuertemente el establecimiento de plántulas de *Polylepis australis*.

En el capítulo III de esta Tesis se encontró que las tres especies pueden germinar en un amplio rango altitudinal, inclusive las especies propias del Bosque Serrano pueden hacerlo por encima de su límite altitudinal actual de distribución (*R. apetala* estaría comprometida recién por encima de los 1.500 m.s.n.m.), mientras que *P. australis* puede germinar y establecerse hasta los sectores inferiores del gradiente en estudio. Por lo tanto, no habría restricciones climáticas a la germinación, emergencia y establecimiento de sus plántulas, sino probablemente a un estadío posterior de desarrollo y/o a perturbaciones relacionadas al uso de la tierra. Entonces, dado que el clima no permitió explicar las razones por las cuales la franja media del gradiente altitudinal de las Sierras Grandes de Córdoba se encuentra desprovista de bosques, en este capítulo se incluye a la herbivoría por ganado doméstico como objeto de estudio, a fin de analizar si este factor influye sobre la supervivencia de las plantas recién establecidas, tanto considerando su efecto de manera independiente como de manera conjunta con el clima (interacción de factores).

A fin de continuar con el objetivo de esta Tesis y echar luz en la determinación de los factores que previenen la expansión del Bosque Serrano hacia los pastizales de altura en las montañas de Córdoba, se planteó como objetivo general para el presente capítulo: evaluar la influencia de la herbivoría y su interacción con las restricciones climáticas propias del gradiente altitudinal, sobre la supervivencia y crecimiento de renovales de *Polylepis australis*, *Ruprechtia apetala* y *Lithraea molleoides*.

Como objetivos específicos se planteó evaluar bajo condiciones controladas de laboratorio la supervivencia y crecimiento de renovales de *Polylepis australis*, *Ruprechtia apetala* y *Lithraea molleoides* bajo tres termo-períodos y 2 niveles de daño por herbivoría; al mismo tiempo, se planteó evaluar a campo la influencia conjunta (interacción) e individual del clima (altitud) y la herbivoría sobre la supervivencia de renovales de las tres especies mencionadas, a lo largo de un gradiente altitudinal que se extiende entre los 900 y 2.700 m.s.n.m.

Se presume que la herbivoría interactúa con la temperatura condicionando el comportamiento de los renovales de las tres especies nativas. En consecuencia, se espera que el efecto de la herbivoría sea más severo sobre la supervivencia y los patrones de crecimiento de *Lithraea molleoides* y *Ruprechtia apetala* hacia las zonas de mayor altitud, así como en las temperaturas más bajas en el laboratorio, donde estas especies tendrían restricciones climáticas y por lo tanto serían más vulnerables (ver resultados del capítulo III). En tanto que *Polylepis australis*, que tiene su mejor desempeño a altitudes medias y superiores (ver resultados de Marcora *et al.*, 2008 y capítulo III de esta Tesis) vería su supervivencia mayormente afectada por la herbivoría en los niveles inferiores del gradiente altitudinal, así como al someterse a las temperaturas más elevadas en el laboratorio.

4.2. Materiales y métodos

4.2.1. Experimentos de supervivencia y crecimiento de renovales en laboratorio

A fin de evaluar cómo las temperaturas extremas de frío y calor influyen en la supervivencia de los renovales, se colocaron ejemplares de tres meses de edad de *Ruprechtia apetala*, *Lithraea molleoides* y *Polylepis australis* en cámaras de cría programadas con tres termo-períodos contrastantes (12/12 horas luz/oscuridad): 15/5 °C, 25/15 °C, y 35/20 °C. Las cámaras estaban provistas de tubos fluorescentes de luz blanca fría de 20 W, con una irradiación (400-700 nm) de aproximadamente 38 μmol m^{-2} s^{-1}.

Para evaluar la influencia de la herbivoría en la supervivencia y en el crecimiento de los renovales, se expuso a los mismos a un tratamiento de simulación del daño por herbivoría mediante remoción de material vegetal aéreo (recorte experimental de biomasa, en la literatura). Dicho tratamiento contempló tres niveles de daño decreciente: renovales sometidos a una remoción aérea del 100%, renovales con una remoción del 25% de la materia vegetal aérea, y renovales control sin remoción de tejidos. El corte de los renovales se realizó con tijera al momento de instalarlos en las cámaras. El corte del 100% de la parte aérea de los renovales se realizó inmediatamente por encima del cuello del tallo (Fig. 4.1). El criterio para calcular el 25% de corte fue mediante conteo de la cantidad de tallos y/u hojas por renoval. Cabe aclarar que debido a que el experimento de supervivencia de renovales de *P. australis* se realizó antes que en las otras dos especies, y no estando previsto realizar experimentos de crecimiento en el proyecto inicial, el crecimiento en esta especie no fue evaluado.

Fig. 4.1. Remoción total de la biomasa aérea en renovales de las tres especies

Los renovales de *Polylepis australis* para experimentación fueron donados por el Dr. Daniel Renison, mientras que los renovales de *Ruprechtia apetala* y *Lithraea molleoides* fueron adquiridos en un vivero de la localidad de Capilla del Monte (Córdoba).

Las macetas individuales fueron asignadas al azar a los dos tratamientos (temperatura y herbivoría). Los renovales fueron regados regularmente manteniéndolos a capacidad de campo. El diseño completo constó en consecuencia de dos factores con tres niveles cada uno y el número de réplicas utilizado fue de 54 renovales por especie (162 renovales de cada especie en total) (Fig. 4.2).

Fig. 4.2. Instalación del experimento de supervivencia y crecimiento de renovales en cámaras de cría a diferentes termo-períodos.

Una vez transcurridos los 90 días de duración del experimento, es decir a los 6 meses de edad de los renovales, se registró el número de individuos vivos e individuos muertos de cada especie bajo los distintos termo-períodos y niveles de herbivoría. El crecimiento de cada renoval (réplicas) se estimó en términos de la altura del vástago, la longitud de la raíz, la biomasa aérea, subterránea y total (Reich *et al.*, 1998; de Villalobos & Peláez, 2001), y la relación entre la inversión de biomasa aérea y subterránea (biomasa aérea/biomasa subterránea) (Villagra & Cavagnaro, 2000; Sánchez-Gómez *et al.*, 2008). La altura se midió desde la base del tallo hasta la yema foliar más alta (Fig. 4.3). Luego de medir la altura, se procedió a la cosecha de los renovales, los cuales fueron lavados cuidadosamente para no perder material radical. Posteriormente, se separó la parte aérea de la parte subterránea a través de un corte realizado a la altura de la inserción del cuello del tallo. El peso seco de la raíz y de la parte aérea se determinó en balanza analítica, hasta obtener un peso constante, después de permanecer las muestras en estufa durante un período de 72 horas a 60 °C. En el caso de *R. apetala*, la biomasa aérea correspondió a tallos y hojas, en tanto que para *L. molleoides* se incluyeron también los cotiledones que aún permanecían en los renovales a los 6 meses de edad.

Fig. 4.3. Medición de un renoval de *R. apetala*.

Cabe aclarar que los renovales de *R. apetala* de la cámara de cría sometidos a 25/15 °C sufrieron un ataque de hongos, provocando la pérdida de gran cantidad de hojas en los mismos. Por lo tanto, la medición de biomasa aérea se realizó en las hojas que rebrotaron luego del ataque de hongos, las cuales no llegaron a desarrollarse completamente al momento de finalizar el experimento, con la consecuente disminución en los valores de peso finales.

4.2.2. Experimentos de supervivencia de renovales a campo

Antes de describir la metodología utilizada para el experimento de campo, debe aclararse que, debido a la crisis energética que afectó a la ciudad de Córdoba en los años 2009 y 2010, sumado a las temperaturas extremas registradas en el verano de ambos años, se perdieron los renovales de *Polylepis australis* destinados al experimento de supervivencia en el campo, razón por la cual no se pudo realizar la plantación de los mismos. En consecuencia, el diseño que se describe a continuación, originalmente concebido para las tres especies, se restringe a las dos especies características del bosque chaqueño serrano (*Ruprechtia apetala* y *Lithraea molleoides*), en tanto que la comparación con la especie dominante de los bosques de altura (*Polylepis australis*) se retoma en la discusión en base a otro experimento a campo realizado en la misma área de estudio (Marcora *et al.*, 2013) y resultados de la simulación experimental (ensayos de laboratorio).

El experimento de supervivencia de renovales a campo se realizó en los mismos siete sitios que abarcan el gradiente altitudinal completo de las Sierras de Córdoba (ver detalles en el capítulo II). En cada altitud se consideraron 6 parcelas, la mitad de ellas expuestas al ganado doméstico y la otra mitad ubicadas dentro de una exclusión al ganado. En diciembre de 2009 se trasplantaron en cada parcela 10 renovales de tres meses de edad de *Ruprechtia apetala* y *Lithraea molleoides*. Los 10 individuos de cada parcela fueron trasplantados a intervalos de 50 cm entre ellos. A fin de minimizar el riesgo de mortalidad asociado a la manipulación, los renovales fueron regados por única vez al momento del trasplante. En total se utilizaron 420 renovales por especie a lo largo del gradiente (10 renovales por parcela x 6 parcelas por sitio x 7 sitios altitudinales = 420 renovales por especie en todo el gradiente) (Fig. 4.4). Durante dos años se realizó un registro mensual de la supervivencia de los individuos plantados.

Se consideró que el ejemplar había muerto si estaba seco o había desaparecido del sitio, tal como describen Renison & Cingolani (1998).

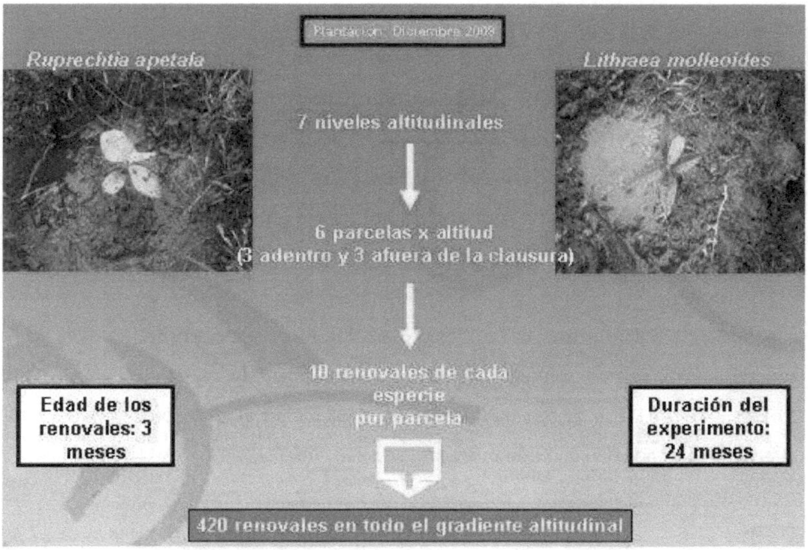

Fig. 4.4. Instalación del experimento de supervivencia de renovales en el campo.

4.2.3. Análisis de datos

Para analizar los datos correspondientes a los ensayos de supervivencia de renovales realizados en el laboratorio se utilizaron Modelos Lineales Generales y Mixtos (MLGs), con distribución binaria (vivos/muertos), utilizando a la temperatura, la herbivoría y la interacción entre ambas como variables fijas. En todos los casos se buscó la distribución que indicara un valor de AIC menor. Finalmente, se compararon las diferencias de medias entre tratamientos con DGC como test *a posteriori*.

Las diferentes variables de crecimiento (altura del vástago; biomasa aérea total; longitud de raíz; peso seco de raíz y relación biomasa aérea/subterránea), se analizaron mediante Modelos Lineales Generales y Mixtos (MLGs), tanto para evaluar el efecto de los factores "herbivoría" y "temperatura", como la interacción entre ambos, sobre dichas variables y empleando el LSD de Fischer como test *a posteriori*. Para cada especie y variable bajo estudio se buscó la distribución que indicara un valor de AIC menor.

Para el análisis de supervivencia de renovales en el campo se trabajó con Modelos Lineales Generales y Mixtos (MLGs), previa transformación de la proporción de la supervivencia a arco seno de la raíz cuadrada. Se usaron como variables fijas a la altitud, la herbivoría y la interacción entre ambos factores. Las diferencias de medias se compararon con DGC como test *a posteriori*. Cabe aclarar que originalmente se pretendió realizar un análisis de varianza de medidas repetidas, pero dado que el número de renovales vivos se redujo notablemente entre las sucesivas mediciones, al punto de tener valores de supervivencia nula, no fue posible llevarlo a cabo. Finalmente, el análisis de los datos de supervivencia a campo se intentó realizarlos mediante los Modelos Lineales Generalizados Mixtos (MLGM), con distribución binaria, pero al incluir al sitio como variable aleatoria, el programa estadístico no pudo estimar el modelo.

Para el análisis de los datos se utilizó el programa InfoStat (DiRienzo *et al.*, 1999, 2008).

4.3. Resultados

4.3.1. Experimentos de laboratorio

4.3.1.1. Efectos de la herbivoría y la temperatura sobre la supervivencia de renovales

Polylepis australis

Tanto la interacción de los factores "temperatura*herbivoría", como los factores por separado, resultaron estadísticamente significativos sobre la supervivencia de los renovales de *P. australis* (p<0,0001 en todos los casos) (Fig. 4.6).

Fig. 4.5. Imagen de un renoval de *P. australis* luego de tres meses de realizado el 100% de corte de su biomasa aérea y permanecer en cámara de cría en el termo-período 15/5 °C.

La supervivencia de los renovales de *P. australis* se vio significativamente reducida bajo un 100% de corte de la parte aérea, en tanto que el corte de un 25% de la parte aérea si bien resultó estadísticamente significativa entre los termo-períodos más bajos, simplemente provocó la muerte de un solo renoval (Fig. 4.6). En el termo-período más cálido (35/20 °C), con diferencias estadísticamente significativas, la supervivencia de los renovales fue nula, independientemente de los tratamientos de simulación de herbivoría realizados.

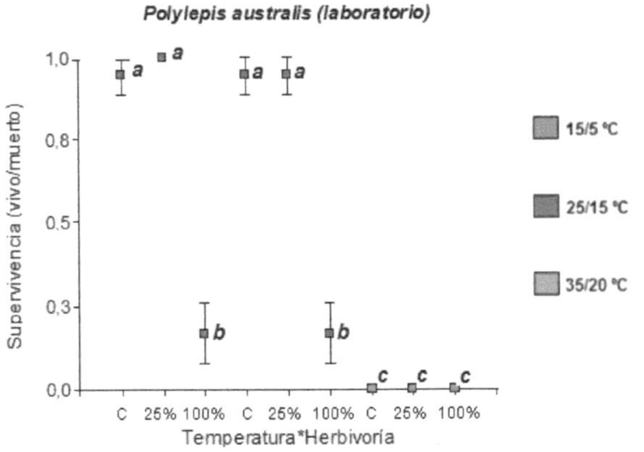

Fig. 4.6. Supervivencia de renovales de *Polylepis australis*, expresada como la relación entre individuos vivos y muertos, en función de la temperatura y de diferentes niveles de herbivoría: C (control), 25% y 100% de corte de parte aérea. A 35/20 °C la supervivencia fue nula. Letras diferentes implican diferencias significativas para la interacción de factores (F=28,93; p<0,0001).

Lithraea molleoides

La supervivencia de renovales de *Lithraea molleoides* no fue afectada significativamente por la interacción ni por los factores por separado. Sólo se registró la muerte de un solo renoval en el termo-periodo 15/5 °C (Fig. 4.8).

Fig. 4.7. Imagen de los renovales de *Lithraea molleoides* al finalizar el experimento de laboratorio. Estos renovales estuvieron sometidos al termo-periodo 25/15 °C y sufrieron el 100% de remoción de su biomasa aérea.

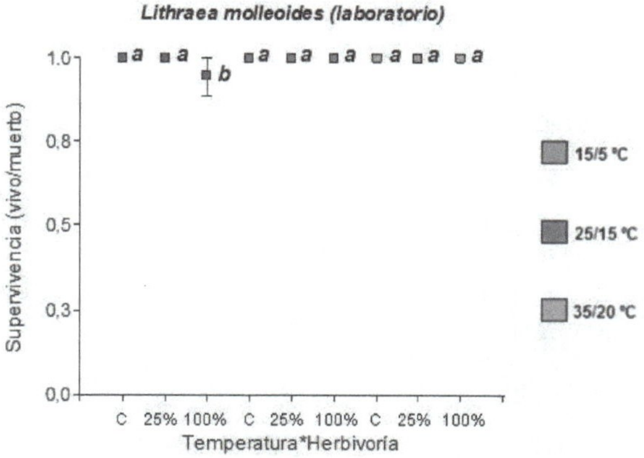

Fig. 4.8. Supervivencia de renovales de *Lithraea molleoides*, expresada como la relación entre individuos vivos y muertos, en función de la temperatura y de diferentes niveles de herbivoría: C (control), 25% y 100% de corte de parte aérea. No se registraron diferencias significativas en la interacción (F=1; p=0,4095) ni en los factores por separado (F=1; p=0,3703, en ambos casos).

Ruprechtia apetala

Tanto la interacción de los factores, como la temperatura no arrojaron valores estadísticamente significativos. La herbivoría, por su parte, fue la única variable que resultó estadísticamente significativa, afectando a dos renovales que fueron sometidos a la remoción total de su biomasa aérea en los dos termo-períodos de menor temperatura, con la consiguiente muerte de los mismos. En general, al igual que en el caso de *L. molleoides*, la supervivencia de los renovales fue muy elevada (entre un 88,89% y un 100%) (Fig. 4.9).

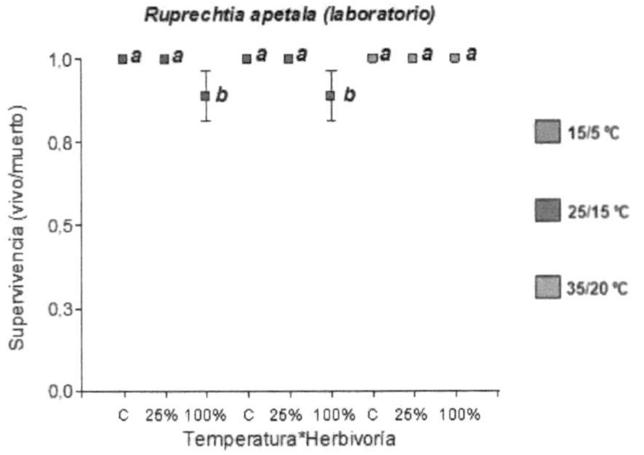

Fig. 4.9. Supervivencia de renovales de *Ruprechtia apetala*, expresada como la relación entre individuos vivos y muertos, en función de la temperatura y de diferentes niveles de herbivoría: C (control), 25% y 100% de corte de parte aérea. Letras diferentes implican diferencias significativas (Interacción: F=1,06; p=0,3771; Temperatura: F=1,06; p=0,3481; Herbivoría: F=4,25; p=0,016).

4.3.1.2. Efectos de la herbivoría y la temperatura sobre el crecimiento de los renovales

Polylepis australis

Como se mencionó previamente, no se dispone de datos de crecimiento para esta especie.

Lithraea molleoides

Si bien la temperatura no afectó la supervivencia de *L. molleoides*, y la simulación de herbivoría con remoción total de la biomasa aérea lo hizo en el termo-periodo 15/5 °C, el crecimiento en altura de esta especie se vio afectado tanto por la herbivoría (F=33,82; p<0,0001) como por la temperatura (F=67,95; p<0,0001), y no así por la interacción de ambos factores (F=1,5; p=0,2057). La herbivoría redujo significativamente la altura de los renovales sólo cuando correspondía a un 100% de corte, en tanto que no se observó un efecto si el nivel de daño era de un 25%. Con respecto a la temperatura, se observó un mayor desarrollo a temperatura intermedia (25/15 °C), seguido por la temperatura más cálida (35/20 °C) y por último la más baja (15/5 °C) (Fig. 4.10a).

Por su parte, tanto la interacción, como los factores por separado fueron estadísticamente significativos en la biomasa aérea total (tallo + hojas + cotiledones) (F=11,78; p<0,0001 para la interacción; F=71.25; p<0,0001 en el caso de la herbivoría y F=50,74; p<0,0001 para la temperatura). La biomasa aérea total se redujo significativamente con la herbivoría, efecto que fue más marcado en los dos termo-períodos extremos. Sólo el efecto de la herbivoría al 100% afectó negativamente la biomasa aérea de los renovales. Este patrón fue consistente en todas las temperaturas (Fig. 4.10b).

En la longitud de raíz de renovales de *L. molleoides*, la interacción no fue estadísticamente significativa (F=0,21; p=0,9344), pero si la temperatura (F=29,92; p<0,0001) y la herbivoría (F=4,92; p=0,0085). Los mayores valores de longitud de la raíz se observaron a temperatura intermedia (25/15 ºC). Se registró un efecto negativo sobre el desarrollo radical cuando se sometió a los renovales al 100% de corte de la parte aérea. El patrón se mantuvo en todas las temperaturas (Fig. 4.10c). Por su parte, el peso seco de la raíz fue significativamente superior bajo la interacción de la temperatura óptima con una mínima remoción de la biomasa aérea. Tanto la interacción (F=6,16), como la temperatura (F=17,11) y la herbivoría (F=49,13) fueron estadísticamente significativas (todos con p<0,0001) (Fig. 4.10d).

Finalmente, al igual que en todas las variables estudiadas en *L. molleoides*, el efecto de la herbivoría al 100% se reflejó en una reducción de la relación Ba/Bs, la cual se mantuvo en todos los termo-períodos. La temperatura fue estadísticamente significativa (F=67,19, p<0,0001) al igual que la herbivoría (F=11,7; p<0,0001), pero no así la interacción de los factores (F=1,96; p=0,1027). Por otra parte, los resultados mostraron una mayor inversión del renoval en la parte aérea que en la subterránea, encontrándose que en todos los casos hubo valores superiores a 1 (Fig. 4.10e).

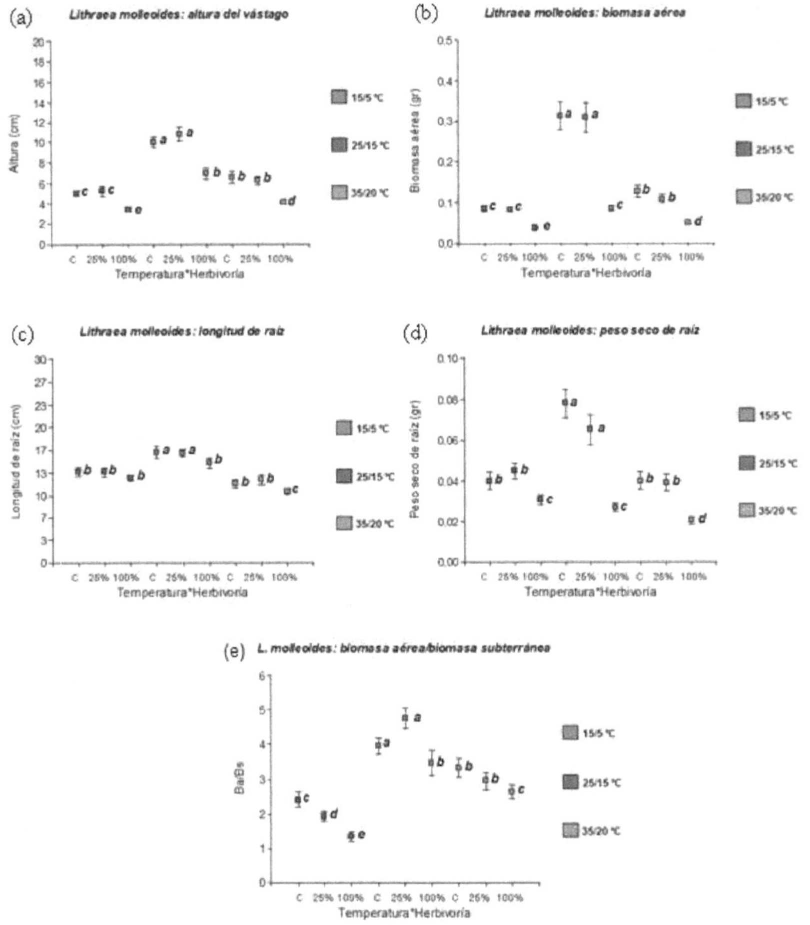

Fig. 4.10. Efecto de la interacción "temperatura*herbivoría" sobre las variables de crecimiento en renovales de *L. molleoides*. (a) Altura del vástago; (b) Biomasa aérea; (c) Longitud de raíz; (d) Peso seco de raíz; (e) Relación de la biomasa aérea/biomasa subterránea. Los niveles de herbivoría "control", "25% corte" y "100% corte" están identificados por C, 25% y 100%, respectivamente. Letras diferentes implican diferencias significativas (DGC, $p<0,05$).

Ruprechtia apetala

Se observó un efecto significativo de los tratamientos de simulación de herbivoría (F=80,02, $p<0,0001$) y de la temperatura (F=103,99; $p<0,0001$) sobre el desarrollo de los renovales de esta especie, no así de la interacción de ambos factores (F=2,08; p=0,0857)

(Fig. 4.12). A pesar de que el crecimiento de los renovales fue mayor a 35/20 °C, la herbivoría redujo significativamente la altura de los mismos en todos los termo-períodos. Dicho efecto se observó para ambos niveles de herbivoría, siendo mayor en el tratamiento de 100% de corte (Fig. 4.12a). De la misma manera, la biomasa aérea total (tallo + hojas) se redujo significativamente al someterse a un 100% de corte. Este efecto fue más marcado en los dos termo-períodos inferiores (Fig. 4.12b). En dicha variable de crecimiento, tanto la herbivoría (F=39,96; p<0,0001), como la temperatura (F=30,64; p<0,0001) y la interacción (F=3,64; p=0,0074) resultaron estadísticamente significativas.

Fig. 4.11. Imagen de los renovales de *Ruprechtia apetala* donde puede verse el rebrote después de 20 días de removida el 100% de su biomasa aérea.

La longitud de raíz estuvo influenciada por la interacción de factores (F=4,87; p=0,001). Asimismo, resultaron estadísticamente significativas la temperatura (F=21,54; p<0,0001) y la herbivoría (F=7,63, p=0,0007). La herbivoría sólo afectó el desarrollo de la raíz cuando los renovales estuvieron sometidos al 100% de corte. En los demás tratamientos no hubo un efecto significativo de la herbivoría sobre el desarrollo radical. Los mayores valores de media se registraron en el termo-periodo 35/20 °C (Fig. 4.12c). En el peso seco de la raíz, por su parte, solamente la herbivoría resultó estadísticamente significativa (F=3,22; p=0,0427). El termo-periodo con mayores medias en la medición de esta variable de crecimiento fue el de 35/20 °C. No obstante, la interacción de dicha temperatura con el corte total de la biomasa aérea resultó en el menor valor de media de peso seco.

Con respecto a la relación entre la inversión en biomasa aérea y biomasa subterránea en los renovales de *R. apetala*, la interacción de factores resultó no significativa (F=1,63; p=0,1696). No obstante, tanto la temperatura como la herbivoría fueron estadísticamente significativas (F=15,87 y F=21,61, respectivamente, con p<0,0001 en ambos casos). El efecto de la herbivoría al 100% se reflejó en una reducción de la relación de ba/bs, manteniéndose dicho patrón a lo largo de todos los termo-períodos (Fig. 4.12e).

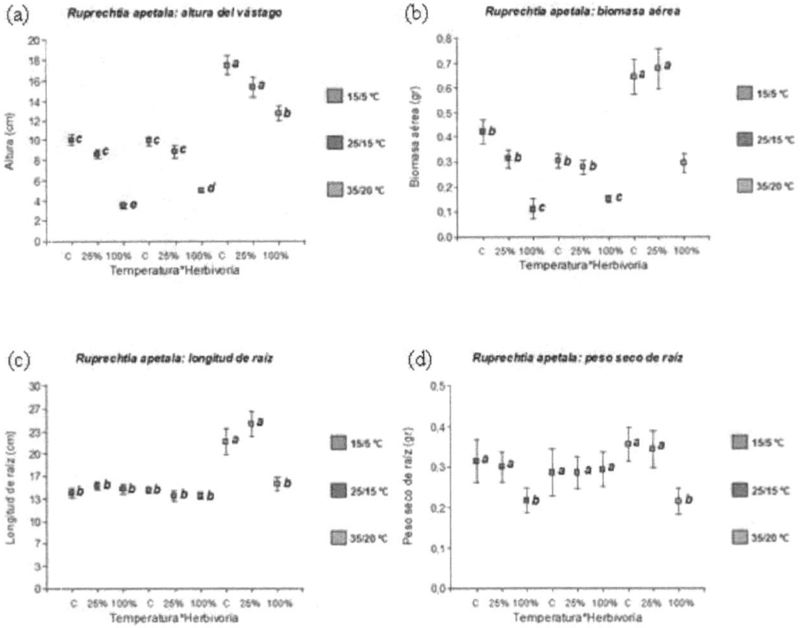

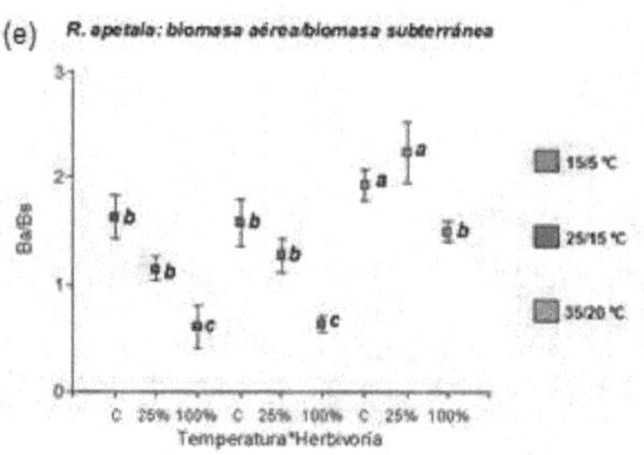

Fig. 4.12. Interacción "temperatura*herbivoría" para las variables de crecimiento en renovales de *Ruprechtia apetala*. (a) Altura del vástago; (b) Biomasa aérea; (c) Longitud de raíz; (d) Peso seco de raíz; (e) Relación de la biomasa aérea/biomasa subterránea. Los niveles de herbivoría "control", "25% corte" y "100% corte" están identificados por C, 25% y 100%, respectivamente. Letras diferentes implican diferencias significativas (DGC, $p<0,05$).

4.3.2. Experimentos de supervivencia de renovales en el campo

Lithraea molleoides

La altitud fue la única variable que explicó la supervivencia de renovales en casi todas las fechas en las que se realizaron observaciones. La excepción fue en el control correspondiente a abril del año 2011, donde el número de renovales vivos fue bajo, y dicha variable no fue estadísticamente significativa. A su vez, no se detectaron diferencias significativas entre la supervivencia de renovales expuestos al ganado doméstico de aquellos excluidos del mismo en ninguna de las fechas. El detalle de resultados del análisis de datos y el test *a posteriori* correspondiente a cada fecha se muestra en la Tabla 1 del Apéndice 2.

A los dos meses del trasplante de los renovales de *L. molleoides* (Altitud: F=5,95; p=0,0004), los mayores valores de supervivencia se observaron a 2.400 y 1.500 m.s.n.m., con medias entre 1,29 y 1,2, respectivamente. Por su parte, los menores valores de supervivencia (<0,7) se registraron a los 900 y 2.700 m.s.n.m. (con y sin herbivoría), a 1.200 y 1.800 m.s.n.m. afuera de las clausuras al ganado y a 2.100 m.s.n.m. adentro de la clausura (sin herbivoría) (Fig.4.14a).

Fig. 4.13. Imagen de dos renovales de *L. molleoides* a dos meses del trasplante a campo.

En el mes de abril (Altitud: F=7,53; p<0,0001), a cuatro meses del trasplante, el registro de supervivencia de renovales fue menor. Sin embargo, se mantuvo la tendencia que se observó en el período previo: los mayores valores de supervivencia se encontraron a 1.500 y 2.400 m (ẋ =0,94, en ambos casos) y los menores a 2.700 m de altitud (ẋ =0,13) (Fig. 4.14b).

La mortalidad en la estación de invierno fue muy alta, encontrándose el mayor valor de supervivencia a los 1.500 m.s.n.m., con una media de 0,81 (Altitud: F=22,73; p<0,0001) (Fig.4.14c). Cabe señalar que la supervivencia de renovales de *L. molleoides* fue nula después de abril del 2010 por encima de los 2.400 m.s.n.m. (Fig. 4.14c y 4.14d). Finalmente, en las observaciones realizadas en diciembre del año 2010, sólo se encontraron renovales vivos a 1.500 m.s.n.m, con una media de 0,3 (Altitud: F=6,16; p=0,0003) (Fig. 4.14d).

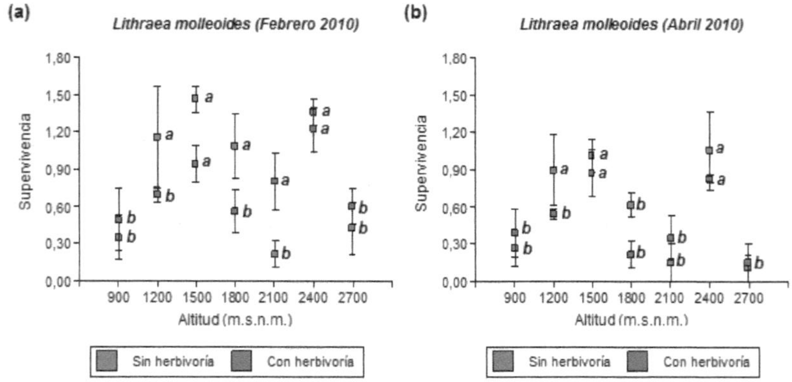

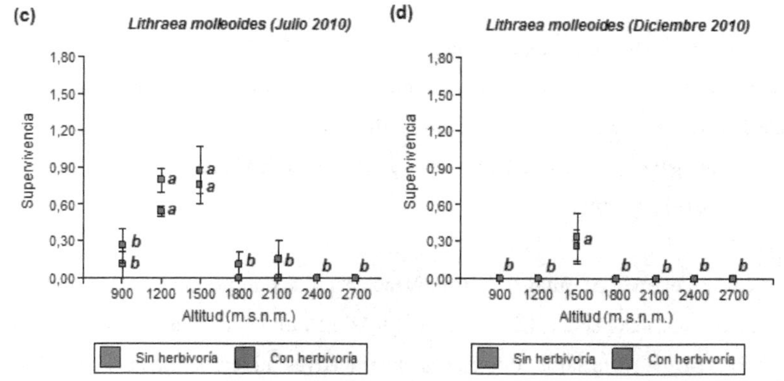

Fig. 4.14. Supervivencia media de *L. molleoides* expresados como arco seno de la raíz cuadrada de la proporción de renovales. Cada gráfico representa una fecha de muestreo a lo largo de todo el gradiente altitudinal: (a) Febrero de 2010; (b) Abril de 2010; (c) Julio de 2010; (d) Diciembre de 2010. Las letras diferentes indican diferencias significativas (DGC; $p<0,05$).

Ruprechtia apetala

Al analizar los datos de supervivencia de renovales de *Ruprechtia apetala* en el campo, dos meses después de realizado el trasplante desde el invernadero (Febrero de 2010), se observó que hubo un efecto significativo de la altitud ($F=7,38$; $p<0,0001$). Los valores más altos de supervivencia en los dos meses posteriores al transplante se observaron a una altitud intermedia, alcanzando una media de 1,06 a los 1.500 m.s.n.m. (sin herbivoría). El valor más bajo, por su parte, se observó en el extremo de mayor altitud, con una media de 0,09 (Fig. 4.16a).

Fig. 4.15. Renoval de *Ruprechtia apetala* con muestras de lesiones foliares (a dos meses del trasplante a campo)

Hacia el final de la estación de crecimiento (abril de 2010), se observó una interacción significativa de la altitud y la herbivoría sobre la supervivencia de los renovales (*F*=4,92; *p*=0,0015). En general, los mayores valores de supervivencia observados en esta fecha (entre un 0,92 y 0,68), correspondieron a los sitios de estudio ubicados entre los 1.500 y los 900 m.s.n.m. (Fig.4.16b).

A partir del mes de julio, la supervivencia bajó en forma notable, encontrándose individuos vivos solamente a 1.500 m.s.n.m.: 0,11 adentro de la clausura y 0,15 afuera de la misma. No se detectaron diferencias significativas ni en la interacción (*F*=0,06; *p*=0,9989) ni en los factores por separado (altitud: *F*=1,94; *p*=0,1094 y herbivoría: *F*=0,06; *p*=0,1094) (Fig. 4.16c).

Por último, un año después del trasplante, sólo se encontró un individuo con vida a los 1.500 m de altitud, afuera de la clausura. No hubo diferencias significativas de la interacción ni de los factores por separado (Fig. 4.16d). Al final de la estación de crecimiento (abril 2011) no quedaba ningún renoval vivo de esta especie.

El detalle de resultados del análisis de datos y el test *a posteriori* correspondiente a cada fecha se muestra en la Tabla 2 del Apéndice 2.

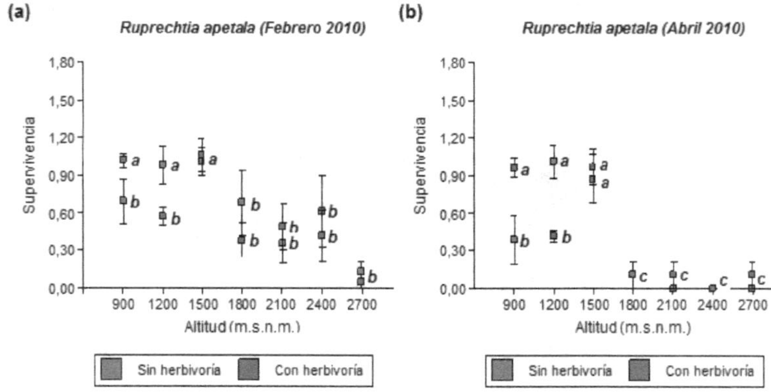

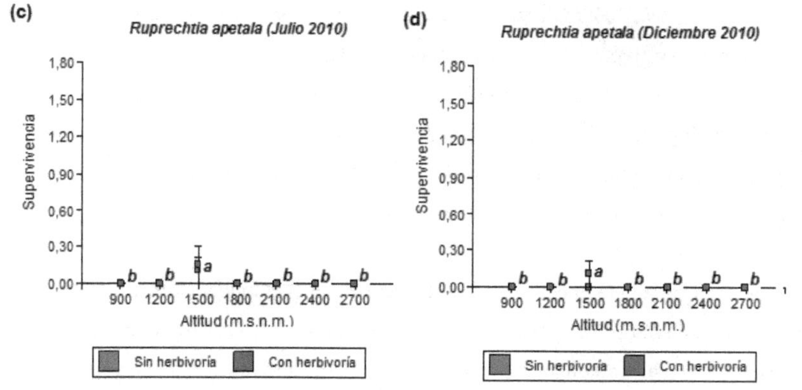

Fig. 4.16. Supervivencia media de *R. apetala* expresados como arco seno de la raíz cuadrada de la proporción de renovales. Cada gráfico representa una fecha de muestreo a lo largo de todo el gradiente altitudinal: (a) Febrero de 2010; (b) Abril de 2010; (c) Julio de 2010; (d) Diciembre de 2010. Las letras diferentes indican diferencias significativas (DGC; $p<0,05$).

4.4. Discusión

En este capítulo se evaluó la influencia conjunta de la temperatura y de la herbivoría por ganado doméstico sobre la supervivencia y el crecimiento de renovales a través de aproximaciones experimentales a campo y en laboratorio.

En términos generales, el ensayo de laboratorio simulando dos niveles de herbivoría (parcial y total) sobre la biomasa aérea, mostró que las tres especies poseen una resistencia media a alta a la herbivoría. No obstante, *Polylepis australis*, se mostró muy sensible al corte total de la biomasa aérea, con la consiguiente disminución en la supervivencia al final del experimento. Estos resultados concuerdan con patrones descriptos previamente para la especie, según los cuales el ganado reduce la supervivencia de plántulas, consumiendo prácticamente toda la productividad de individuos menores a 2 m de altura (Teich, *et al.*, 2005; Giorgis *et al.*, 2010; Renison *et al.*, 2011; Marcora, 2011). A su vez, el rebrote observado luego de los cortes de su biomasa aérea, también es coincidente con estudios previos que destacan en *P. australis* una gran capacidad para sobrevivir al ramoneo (Teich, *et al.*, 2005; Giorgis *et al.*, 2010; Marcora, 2011). No obstante, el pastoreo ha sido mencionado como un factor de manejo muy importante en la regeneración de *P. australis* (Cingolani *et al.*, 2003; Teich *et al.*, 2005; Torres *et al.*, 2008; Cierjacks *et al.*, 2008a;

Zimmermann *et al.*, 2009; Giorgis *et al.*, 2010; Pollice *et al.*, 2013; Cingolani *et al.*, 2014). Estos autores han reportado que una presión de ganado elevada va en detrimento de la regeneración, pero que tampoco sería recomendada una exclusión completa del mismo, aconsejando como práctica adecuada de manejo una intensidad moderada de pastoreo a fin de promover el reclutamiento, junto a una exclusión posterior a dicha etapa a fin de permitir el crecimiento de las plántulas establecidas.

Con respecto a la temperatura, dados los altos valores de supervivencia alcanzados por los renovales de *P. australis* en el laboratorio en los dos termo-períodos inferiores (15/5 °C y 25/15 °C), sumado a la nula supervivencia a las temperaturas más altas (a pesar de tener asegurado el riego permanente), se podría concluir que esta especie es muy sensible a las altas temperaturas. Estos datos coinciden con estudios realizados por Marcora y colaboradores (2013), quienes observaron, a través de un experimento a campo, que *P. australis* exhibió un crecimiento óptimo en altitudes intermedias del gradiente (alrededor de los 1.800 m.s.n.m.), donde la temperatura media anual a nivel del suelo es de 10,79 °C (capítulo II), a pesar de que la supervivencia de juveniles aumentó a mayores elevaciones (entre los 2.200 y los 2.400 m.s.n.m.).

En el caso de las dos especies del Bosque Serrano (*Lithraea molleoides* y *Ruprechtia apetala*), la supervivencia de los renovales fue casi total, independientemente del nivel de corte de la biomasa aérea y del termo-período considerados. Es decir que estas especies serían tolerantes a niveles medios e intensos de herbivoría, al menos luego de tres meses de sometimiento de los renovales a las temperaturas experimentadas en las cámaras de cría, y habiendo sufrido un solo evento de corte para simular la herbivoría (los renovales rebrotaron y se obtuvieron altos porcentajes de supervivencia en todos los tratamientos). Lo mismo puede concluirse luego de lo observado a campo, donde la herbivoría no tuvo un efecto significativo sobre la supervivencia de los renovales. Nuestros resultados son coincidentes con los de Torres (2011), quien a través de experimentos a campo con plántulas de *Lithraea molleoides* y *Ruprechtia apetala* concluyó que el ganado no afecta la supervivencia de las mismas, pero que la exclusión puede ser necesaria para promover su crecimiento. No obstante, en otras especies leñosas de la región se ha observado que la remoción repetida de brotes aéreos, ya sea por fuego o por ganado, produce una fuerte reducción en las reservas acumuladas en las raíces y la eventual muerte de las plántulas (Barchuk *et al.*, 2006; Tercero-Bucardo *et al.*, 2007). Esto último concuerda con lo observado en este trabajo, ya que en las dos especies en las que se midió la longitud y biomasa de raíces, se obtuvieron los valores más bajos cuando el corte de la biomasa aérea fue total, siendo la diferencia significativa en relación al corte parcial.

Es importante destacar que una vez realizado el corte de la biomasa aérea, el rebrote fue vigoroso en todos los casos, independientemente de los termo-períodos (incluyendo a los renovales de *Polylepis australis* en la cámara a mayor temperatura, a pesar de que terminaron muriendo al cabo de una semana de sometimiento al rango térmico más elevado). Este resultado concuerda con Vieira & Scariot (2006), quienes documentaron una alta capacidad de rebrote en especies leñosas de bosques secos tropicales de América Central y Sudamérica luego de disturbios; también es coincidente con los resultados de Gurvich y colaboradores (2005) en el Chaco Serrano y Barchuk y colaboradores (2006) en el Chaco Árido, quienes indicaron que las plántulas de especies nativas poseen una alta capacidad para rebrotar después de la remoción de la biomasa aérea. La capacidad de rebrote observada en las tres especies puede ser relevante, especialmente si se tienen en cuenta los hallazgos de Bond & Midgley (2001) quienes señalan a la persistencia (y no a la regeneración) como la estrategia más influyente en la dinámica de los bosques, especialmente considerando que los rebrotes tienen mayores tasas de crecimiento y madurez reproductiva más temprana. No obstante, Barchuk y colaboradores (2006) sugieren que si bien las especies arbóreas del Chaco tienen la capacidad de rebrotar, la remoción repetida de la biomasa puede reducir significativamente la supervivencia de las plántulas.

La estrategia de acumulación de reservas ha sido asociada con menores tasas de crecimiento, ya que parte de los recursos que podrían ser destinados a crecer, se dirigen a formar reservas que permiten una rápida recuperación después de los disturbios (Hoffmann, 1999; Vandermeer & Goldberg, 2003). Tal podría ser el caso de *Polylepis australis*, especie que posee una baja tasa de crecimiento, pero una gran capacidad para sobrevivir al ramoneo (Teich *et al.*, 2005; Giorgis *et al.*, 2010; Marcora, 2011). No obstante, el ramoneo continuo puede evitar el crecimiento de plántulas y juveniles retardando o impidiendo el reclutamiento de individuos adultos (Wassie *et al.*, 2009; Giorgis *et al.*, 2010).

Con respecto a las dos especies representativas del Chaco Serrano y objeto de los experimentos a campo (*Lithraea molleoides* y *Ruprechtia apetala*), se observó un efecto más marcado de la altitud (Proxy del clima) que de la herbivoría: la supervivencia de ambas leñosas (a partir de los cinco y los siete meses de realizado el trasplante a campo, respectivamente), disminuyó hacia el extremo inferior, hasta hacerse nulo en casi todo el gradiente. La excepción se observó a los 1.500 m.s.n.m. (temperatura media de 13,03 °C), donde ambas especies lograron sobrevivir, aunque en valores muy bajos, hasta un año después del trasplante. Por consiguiente, en términos generales, puede concluirse que la herbivoría no modificó significativamente el patrón observado, tanto a campo como en laboratorio.

Analizando los patrones de crecimiento de las dos especies del Bosque Serrano en el laboratorio, se encontró una gran diferenciación en los requerimientos de temperatura por parte de las mismas (reflejado en la mayor altura de los renovales, mayor longitud de las raíces y mayor biomasa total): el crecimiento de *Ruprechtia apetala* fue favorecido por la temperatura extrema superior (35/20 °C), mientras que *Lithraea molleoides* lo fue por la temperatura media (25/15 °C), lo cual estaría relacionado con los límites de distribución conocidos para dichas especies (capítulo II). La herbivoría parcial (25% de corte de la biomasa aérea) no afectó el crecimiento de ninguna de las dos especies. A su vez, ambas especies desarrollaron raíces de menor longitud promedio que la altura promedio de la parte aérea de sus renovales. Esto podría estar relacionado con las características de humedad del suelo, que siempre estuvo a capacidad de campo, no teniendo que invertir en el crecimiento de raíces, dado que el recurso agua no fue limitante en ningún momento en el experimento realizado en el laboratorio.

Si bien no se cuantificó la altura inicial de los renovales al dar inicio al experimento de laboratorio, se partió de un lote homogéneo y se observó una notable diferencia en la altura de todos los individuos al finalizar el mismo. Los altos valores de crecimiento inicial podrían conferirles alguna ventaja adaptativa en sus sitios de origen durante el reclutamiento. La ventaja de una tasa de crecimiento alta se traduce en alcanzar un mayor tamaño (biomasa) en menos tiempo, lo que permitiría, a su vez, captar más recursos (luz, agua y nutrientes) y, en definitiva, le conferiría una mayor capacidad competitiva. En el presente estudio, el trasplante de los renovales de *Lithraea molleoides* y *Ruprechtia apetala* se realizó después de dos años de mantener los sitios clausurados al ganado doméstico, con el consiguiente crecimiento de pastos y pajonales dentro de las mismas a lo largo de todo el gradiente. Estas clausuras, si bien protegieron a los renovales del ganado, posiblemente han incrementado el efecto de la vegetación circundante en cuanto al uso de los recursos, principalmente la luz, por lo que la velocidad de crecimiento, constituiría una ventaja en tal sentido. Pero lo que supone una ventaja en condiciones ambientales favorables, tal sería el caso de los renovales en el laboratorio, puede no serlo en condiciones adversas (por ejemplo, de sequía, altas o bajas temperaturas, escasez de nutrientes, etc.), donde lo importante es tener capacidad de tolerancia al estrés. Esta tolerancia, en general, implica un coste energético que supone un menor crecimiento, pero a cambio favorece una mayor probabilidad de supervivencia (Villar *et al.*, 2004). Debido a lo expuesto, podemos suponer que el hecho de no encontrar diferencias significativas en la supervivencia de renovales adentro y afuera de las clausuras pueda deberse a que, si bien en el área excluida se encuentran a salvo del consumo del ganado, los renovales tienen que soportar la probable competencia con la vegetación circundante. En la misma línea, Bond (2005) sugiere que la exclusión de ganado permite aproximarse a la distribución altitudinal potencial de las leñosas. En relación a la competencia, trabajos realizados con plántulas de *Polylepis australis* en las Sierras de Córdoba arrojaron evidencias de que el establecimiento de las mismas disminuye con la cobertura vegetal (Enrico *et al.*, 2004; Coutsiers, 2006; Torres *et al.*, 2008; Zimmermann *et al.*, 2009).

Los resultados de esta Tesis muestran también que, entre las especies del Chaco Serrano, *Ruprechtia apetala*, de follaje caducifolio, presentó mayor peso seco final que *Lithraea molleoides* (especie perennifolia), luego de tres meses de experimentación en laboratorio. Las especies leñosas caducifolias y perennifolias, suelen presentar características ecofisiológicas contrastantes (Chabot & Hicks, 1982; Villar, Held & Merino, 1995; Larcher, 2003), que determinan una mayor velocidad de crecimiento en las primeras (Reich *et al.*, 1992; Cornelissen *et al.*, 1996; Antunez *et al.*, 2001). Villar y colaboradores (2004) encontraron que, en general, el peso seco final de plántulas de 24 especies leñosas tras cuatro meses de crecimiento en condiciones cercanas al óptimo, fue mayor para las especies caducifolias, resultados que se corresponden con los obtenidos en este estudio. Por todo lo expuesto hasta el momento y en base al patrón observado, tanto en la supervivencia como en el crecimiento de los renovales observado en el experimento de laboratorio, se podría concluir que las dos especies propias del Bosque Chaqueño Serrano, *Ruprechtia apetala* y *Lithraea molleoides*, serían tolerantes a un amplio rango de temperaturas, que incluiría las variaciones térmicas diarias entre los 15/5 °C y los 35/20 °C, con preferencias en el rango de temperaturas más elevado en el primer caso y de las temperaturas intermedias en el segundo. Estas conclusiones parciales concuerdan con los elevados valores de supervivencia de renovales encontrados en el experimento realizado a campo durante la estación de crecimiento, en la cual se registraron temperaturas medias que oscilaron entre los 15 y los 25 °C (2.700 a 900 m.s.n.m., respectivamente) (capítulo II). No obstante, la supervivencia de los renovales de estas dos especies a lo largo del gradiente altitudinal fue disminuyendo a medida que pasaron los meses de realizado el trasplante a campo, cayendo a niveles mínimos al finalizar la primera estación de crecimiento. Esta disminución en la supervivencia se hizo visible más rápidamente en los individuos de *R. apetala*, los cuales se mostraron más tolerantes frente a las condiciones ambientales de los niveles más bajos del gradiente, mientras que al cabo de 4 meses de realizado el trasplante, la supervivencia de los renovales fue nula a prácticamente nula a partir de los 1.800 m.s.n.m., mostrando una gran sensibilidad a las bajas temperaturas. Este comportamiento era de esperarse, ya que según la literatura esta especie parece preferir las laderas cálidas y soleadas del Bosque Serrano (Demaio *et al.*, 2002). En lo que respecta a *Lithraea molleoides*, Demaio y colaboradores (2002) indican que se distribuye entre los 500 y los 1.600 m.s.n.m. en las Sierras de Córdoba; nuestros resultados muestran que la especie mostró valores muy altos de supervivencia a 2.400, 1.500 y 1.200 m.s.n.m., luego de 4 meses de trasplantados en el primer caso y de 6 meses en los dos últimos. A partir de entonces, la supervivencia fue nula en casi todos los niveles altitudinales, a excepción de la clausura ubicada a 1.500 m.s.n.m., en la que se encontraron dos renovales vivos al finalizar el segundo período de crecimiento (abril de 2011).

Como se ha señalado en varias oportunidades a lo largo de esta Tesis, está ampliamente reconocido que la temperatura del suelo es uno de los factores primarios que afectan el crecimiento de las plantas (Körner, 1998; Pregitzer *et al.*, 2000; Mazzola *et al.*, 2008). De hecho, la temperatura del suelo puede ser incluso más importante que la temperatura del aire, ya que, actuando como buffer, usualmente retrasa el aumento de la temperatura del aire en primavera (Pregitzer *et al.*, 2000), tanto como la duración de las fluctuaciones diarias de la temperatura (Bliss, 1956). Es así que los suelos fríos pueden determinar el límite de crecimiento de las plantas a grandes altitudes y latitudes (Körner, 1998; Körner, Paulsen & Peláez-Riedl, 2003). Entonces, si bien en el gradiente bajo estudio en esta Tesis la temperatura media del suelo durante la estación de crecimiento fue superior a la que determina el umbral térmico del "treeline" a nivel global (6,7 °C ± 0,8SD) (Körner & Paulsen, 2004), en los niveles inferiores del gradiente se registraron muchos eventos de altas temperaturas junto a períodos prolongados de falta de precipitaciones y, por consiguiente, muy bajos porcentajes de humedad. Por su parte, en los sitios a mayor altitud se registraron eventos de bajas temperaturas. Quizás sean éstas las posibles causas del resentimiento y posterior muerte de los renovales de *R. apetala* y *L. molleoides*. A su vez, Aide & Cavelier (1994) y Aide y colaboradores (1996) indicaron que en áreas abiertas con escasa cobertura de vegetación arbórea y arbustiva, el establecimiento de plántulas puede ser difícil debido a la alta incidencia de luz, al estrés hídrico y a las temperaturas extremas. Kitzberger y colaboradores (2000) y Gray y colaboradores (2006) han puesto de manifiesto que el reclutamiento y la supervivencia son fases del ciclo de la plantas altamente sensibles más bien a cortos períodos marcadamente fríos o cálidos que a la tendencia general de la temperatura expresada por los promedios.

Por consiguiente, es probable que las diferencias en los valores de supervivencia de renovales obtenidos en el campo y en el laboratorio para *R. apetala* y *L. molleoides*, tengan relación con la corta extensión de la estación de crecimiento, principalmente en la parte superior del gradiente, o con eventos de picos de temperatura, ya sean altas o bajas, sumado a posibles momentos de alta radiación, baja humedad (que sumado a las altas temperaturas provocarían estrés hídrico), mayor amplitud térmica, ataque de insectos y la susceptibilidad de ambas especies en esa etapa crítica de su ciclo de vida. Existen estudios realizados en bosques de regiones con marcada estacionalidad en las lluvias en donde se ha observado que la mortalidad de las plántulas ocurre preferentemente durante la estación seca y puede reducirse en sitios sombreados y con riego (Gerhardt, 1996; Mc Laren & Mc Donald 2003a; Castro *et al.*, 2004). No obstante, a fin de determinar si la mortalidad de los renovales en el campo se debió a la sequía o a las bajas temperaturas (heladas), sería necesario realizar un experimento en donde se les proporcione protección durante el invierno, así como la implementación de riegos durante la primavera y el verano. Fenner & Thompson (2005) han sugerido que existen distintos factores que pueden afectar la mortalidad de las plantas durante las etapas de germinación y establecimiento, como la competencia, la herbivoría y los factores abióticos; por consiguiente, quizás sean dichos factores los que estén controlando la supervivencia de los renovales en el gradiente altitudinal estudiado en esta Tesis. El estudio de las relaciones entre estos factores permitirá entender algunas barreras que limitarían el proceso de regeneración del bosque (Aide & Cavelier, 1994). La influencia directa de la temperatura puede estar enmascarada por interacciones con los efectos de perturbaciones (Lescop-Sinclair & Payette, 1995). No obstante, los patrones de reclutamiento y la posterior expansión pueden ser más fuertemente controlados por el clima (Holtmeier & Broll, 2005; Bolli *et al.*, 2007; Vittoz *et al.*, 2008), pudiendo la herbivoría tanto fortalecer como contrarrestar la respuesta del treeline frente al cambio climático (Cairns & Moen, 2004).

Finalmente, en relación a la herbivoría y los factores abióticos (temperatura), en conjunto, mis resultados sugieren que el establecimiento de las tres especies bajo estudio estaría más bien determinado por el clima, en tanto que la herbivoría disminuiría pero no impediría el reclutamiento de las especies.

CAPÍTULO V. Discusión y conclusiones generales

5.1. Discusión general

Los mecanismos que determinan la distribución actual y potencial de las comunidades de bosques en gradientes altitudinales siguen siendo motivo de controversias y el tema dista de estar definitivamente cerrado. Pueden reconocerse al menos dos posturas al respecto:

1) Históricamente se responsabilizó al clima, y en particular a la temperatura, como el factor que mediaba en la distribución de la vegetación, en especial en la definición del límite altitudinal de los árboles y bosques en los sistemas de alta montaña (Crawford, 1989; Körner, 1999; Daubenmire, 1954; Grace, 1977; Tranquilini, 1979; Sveinbjornsson, 1992; Despland & Houle, 1997; Hobbie & Chapin III, 1998; Körner & Paulsen, 2004; Veblen *et al.*, 2005; Hoch & Körner, 2005; Barni, *et al.*, 2012; Körner & Riedl, 2012).

2) Por otra parte, numerosos trabajos destacan el rol fundamental que cumplen los disturbios antrópicos (tala, fuego, ganadería) como factores modeladores del paisaje y de la vegetación (Ellenberg, 1979; Harmon *et al.*, 1984; Veblen *et al.*, 1992; Wiens, 2000; Stewart *et al.*, 2000; Renison *et al.*, 2002, 2010, 2015; Cairns & Moen, 2004; Zak *et al.*, 2004; Bond *et al.*, 2005; Teich *et al.*, 2005; Cierjacks, *et al.*, 2008b; Cingolani *et al.*, 2008, 2013, 2014; Torres *et al.*, 2008, 2013; Giorgis *et al.*, 2010; Hofgaard *et al.*, 2010; Speed *et al.*, 2010, 2011, 2012; Giorgis, 2011; Marcora *et al.*, 2013; Pollice *et al.*, 2013).

La franja media de las Sierras Grandes de Córdoba, piso altitudinal dominado por matorrales/pastizales/roquedales pertenecientes al Romerillal o Matorral Serrano, forma parte de uno de los cinturones de vegetación propuestos por Luti y colaboradores (1979) como respuesta de la vegetación a los cambios en el clima asociados al gradiente altitudinal de las sierras, adhiriendo así a la primera de las dos posturas mencionadas más arriba. A los efectos de considerar la "hipótesis climática" de Luti y colaboradores (1979), en esta Tesis se evaluó la respuesta - en particular la respuesta de regeneración - de tres especies leñosas nativas de las Sierras Grandes de Córdoba (*P. australis, L. molleoides y R. apetala)* frente a los cambios del clima asociados a la altitud, así como las interacciones entre el clima y uno de los principales disturbios de la región, como lo es la herbivoría por ganado doméstico.

A continuación, se discuten e integran los aspectos más relevantes de los resultados obtenidos:

5.1.1. Respuesta de la germinación y el establecimiento a la temperatura (capítulo III)

En base a los objetivos planteados en el capítulo introductorio de esta Tesis, en el capítulo III se estudió la variación del potencial de germinación y establecimiento de dos especies leñosas propias del Chaco Serrano (*Lithraea molleoides* y *Ruprechtia apetala*) y la dominante de los bosquecillos de altura (*Polylepis australis*). Los resultados obtenidos mostraron respuestas disímiles entre las especies. *P. australis* germinó en los cuatro termo-períodos (10/5 °C, 20/10 °C, 25/15 °C y 35/20 °C) y en los siete niveles altitudinales en el campo (entre 900 y 2.700 m.s.n.m.), alcanzando los valores máximos en los termo-períodos intermedios en el laboratorio y entre los 2.400 y los 2.700 m.s.n.m. en el campo, disminuyendo hacia el extremo inferior. No obstante, los valores de germinación de semillas de esta especie en general fueron bajos, tanto en campo como en laboratorio (aún en condiciones óptimas de laboratorio se observaron valores inferiores al 40%). Estos resultados concuerdan con los obtenidos por Renison & Cingolani (1998), que reportaron porcentajes de germinación que variaron entre 0 y 56%, y con Seltmann y colaboradores (2007) quienes obtuvieron un porcentaje de germinación de 20,3% para la misma especie. Por su parte, *L. molleoides* mostró una germinación nula a bajas temperaturas (10/5 °C) en el laboratorio, mientras que germinó y sus renovales sobrevivieron, aunque en porcentajes bajos, en todo el gradiente altitudinal en el experimento de campo. Valores similares de germinación de esta especie fueron obtenidos por Torres (2011) y por Bianco (1989), con porcentajes de germinación cercanos al 40% en condiciones de temperatura óptima para germinación (alrededor de 22 °C a 24 °C). Finalmente, *R. apetala* fue la especie que manifestó un mayor grado de restricción, no estableciéndose por encima de los 1.500 m.s.n.m. a campo, ni germinando a bajas temperaturas en el laboratorio. La germinación observada en esta especie fue cercana al 80%, lo cual concuerda con los resultados obtenidos en cámaras de germinación por Torres (2011). El bajo establecimiento desde semilla de las dos especies propias del Bosque Serrano (*L. molleoides* y *R. apetala*) también concuerda con lo reportado por Torres (2011), quien encontró que la supervivencia de plántulas emergidas luego de 22 meses de la siembra fue de 2,6% para *L. molleoides* y 3,7% para *R. apetala*, sugiriendo que las bajas tasas de establecimiento a campo se deben principalmente a las condiciones sufridas después de la caída de las semillas.

Teniendo en cuenta los resultados discutidos aquí, es posible aceptar las hipótesis particulares planteadas en el capítulo III, estableciendo que:

- De acuerdo a lo esperado, la germinación de las semillas de las tres leñosas estuvo condicionada por las temperaturas, respondiendo cada especie de acuerdo a los límites conocidos para cada una de ellas: *R. apetala* mostró valores de germinación muy altos a mayor temperatura (35/20 °C) y *L. molleoides* a temperatura intermedia (25/15 °C), mostrando ambas una germinación nula en el termo-período inferior (10/5 °C); *P. australis*, también de acuerdo con las expectativas, mostró los mayores valores de germinación a 20/10 °C, siendo la única especie que logró germinar en el menor termo-período. De los dos factores en estudio (temperatura y luz/oscuridad), la temperatura fue el principal regulador del proceso de germinación en las especies bajo estudio. El tratamiento luz/oscuridad no mostró un patrón claro, por lo cual resulta difícil arribar a una conclusión sobre su influencia en la germinación de estas especies.
- La germinación y supervivencia de plántulas de las especies en estudio varían a lo largo del gradiente altitudinal: las especies propias del Bosque Serrano, *Lithraea molleoides* y *Ruprechtia apetala*, acusaron una disminución progresiva en su germinación y supervivencia hacia los extremos de mayor altitud, asociado a una disminución en la temperatura. Por el contrario, *Polylepis australis* manifestó una disminución en sus niveles de germinación y supervivencia conforme aumentó la temperatura, hacia los niveles más bajos del gradiente altitudinal. Sin embargo, a pesar de los resultados obtenidos, los cuales llevarían a hacer una asociación entre los valores de establecimiento de las especies y las temperaturas y porcentajes de humedad a lo largo del gradiente, salvo en el caso de la temperatura para *Polylepis australis*, ninguna otra relación fue estadísticamente significativa. Finalmente, se acepta la hipótesis particular que postulaba que, en términos de emergencia y establecimiento de plántulas, la franja altitudinal desprovista de bosques tendría la potencialidad de albergar una comunidad de transición, con las dos especies leñosas

propias del Bosque Serrano y la especie dominante de los bosquecillos de altura. Por su parte, cada especie mantuvo la tendencia mostrada en la etapa de germinación, logrando establecerse dentro de sus límites de distribución conocidos y dentro de la franja media del gradiente.

5.1.2. Supervivencia y crecimiento de renovales (capítulo IV):

En el capítulo IV se abordó el estudio de la influencia de la temperatura y la herbivoría sobre la supervivencia y el crecimiento de renovales de las especies en estudio.

Los renovales de *P. australis* se mostraron intolerantes frente a las altas temperaturas a las que estuvieron sometidos en el laboratorio, ya que la supervivencia de los mismos fue nula. Por su parte, el tratamiento de corte intenso en su parte aérea redujo significativamente la supervivencia de los renovales sometidos a las temperaturas más bajas (alrededor del 17%). Esta especie fue la única que mostró diferencias significativas frente a la interacción de las variables herbivoría y temperatura. *L. molleoides*, por su parte, en cada uno de los experimentos realizados en el laboratorio, acusó los valores más elevados de las variables de crecimiento alrededor de los 25/15 ºC. En todos los casos, los renovales se mostraron tolerantes frente al corte de la biomasa aérea, con valores similares en los tratamientos control y 25% de remoción y disminución de todas las variables de crecimiento frente a la remoción total de su parte aérea. La supervivencia de los renovales fue casi total, no presentando diferencias significativas entre los tratamientos. En el experimento de campo, por su parte, la especie se mostró más sensible frente a los extremos de temperatura, tanto a bajas como a altas temperaturas y, a medida que fue acercándose el período invernal, su rango de supervivencia se fue acotando a los niveles medios del gradiente, mostrando los valores más elevados de supervivencia entre los 1.200 y los 1.500 m.s.n.m.

Ruprechtia apetala exhibió los valores más altos de supervivencia y los mayores valores en todas las variables de crecimiento medidas bajo las temperaturas más cálidas en el laboratorio (35/20 ºC). A lo largo del gradiente altitudinal, por su parte, se mostró muy sensible a las temperaturas bajas, ya que si bien los renovales se establecieron a lo largo de todo el gradiente de elevación, hacia el final de la primera estación de crecimiento, el rango altitudinal de supervivencia se fue acotando a los sitios de menor altitud y mayor temperatura, para finalmente en el mes de julio mostrar una supervivencia de individuos muy baja ($\dot{x}$ =0,13) a los 1.500 m.s.n.m. (temperatura media de 13,03 °C). La supervivencia por encima de dicho nivel altitudinal fue nula al final de la estación de crecimiento.

A lo largo de todo el gradiente altitudinal se registraron heladas (obs. pers.), siendo más frecuentes a mayor altitud, lo que podría quizás intensificar el efecto de las bajas temperaturas como limitantes del crecimiento de las especies leñosas en el extremo superior. A su vez, es probable que el efecto de las bajas temperaturas registradas al final de la etapa de crecimiento, sumado a períodos de sequía (capítulo II – Tabla 2.1), puedan relacionarse a la alta mortalidad registrada en los individuos de *L. molleoides* y *R. apetala*. En relación a lo expuesto, Danby & Hik (2007a) indicaron que, debido a las bajas temperaturas, la extensión del tiempo entre la germinación y la maduración aumenta como consecuencia de la reducción de las tasas de crecimiento de las plántulas y árboles jóvenes, lo que conlleva un aumento en el riesgo de mortalidad de los individuos. Existen trabajos donde se sugiere que la declinación de la supervivencia de árboles juveniles con la altitud, es en parte debido a una reducción en las temperaturas y a la ocurrencia de eventos extremos, como heladas tardías (Cárdenas & Lusk, 2002; Körner & Paulsen, 2004). Si bien distintos autores han reportado que *Lithraea molleoides* tiende a ocupar preferentemente sitios más frescos y húmedos en las sierras del centro del país (laderas expuestas al Sur) (Luti *et al*., 1979; Martijena, 1987; Giorgis *et al*., 2011), los resultados de esta Tesis sugerirían que posiblemente los renovales de esta especie se verían favorecidos por la mayor temperatura invernal en las exposiciones al Norte. A este respecto, Verzino y colaboradores (2004) han encontrado resultados contradictorios pues registraron un mayor crecimiento en altura en laderas expuestas al Sur, pero mayor supervivencia de *L. molleoides* al cabo de cinco años de seguimiento en laderas al Norte, sugiriendo que las temperaturas mínimas parecen ser el factor más importante para el establecimiento de las especies nativas. Por otra parte, Crawley (1997), señaló que los inviernos fríos pueden provocar la caída de los plantines a causa de heladas; es probable que una consecuencia similar puedan tener las heladas en las Sierras de Córdoba, provocando alta mortandad en los renovales de *R. apetala* y *L. molleoides* que aparecen muertos en pie, secos y caídos. A su vez, se observó que algunos renovales, tanto dentro como fuera de las clausuras al ganado, fueron dañados en sus hojas, posiblemente debido a predadores invertebrados, especialmente en la parte baja del gradiente.

Los mayores valores de mortalidad observados en los renovales de *Polylepis australis* en los sectores bajos del gradiente, pueden deberse a las altas temperaturas registradas (Capítulo II), cuyo efecto se sumaría a la menor disponibilidad de agua por sequías estacionales frecuentes en esos sectores. En relación a lo expuesto, Torres y colaboradores (2008) indicaron que ciertas condiciones ambientales, como el calor excesivo y el estrés hídrico, pueden impedir el establecimiento de plántulas de *Polylepis australis*. Valladares y colaboradores (2005) señalaron que los efectos de la sequía son más importantes en las fases iniciales del desarrollo de las plantas. En concordancia con esto, en trabajos realizados en Sudáfrica, se concluyó que la pérdida de crecimiento de árboles de la sabana puede ser mayormente atribuida a la baja disponibilidad de agua durante la estación seca (Jolly & Running, 2004; Do *et al.*, 2005).

Debido a los bajos porcentajes de emergencia de plántulas observados en *L. molleoides*, a los valores igualmente bajos de supervivencia de plántulas de las tres especies al finalizar la estación de crecimiento (capítulo III), como así también a la extrema mortalidad de renovales encontrada (capítulo IV), se sugiere que las fases iniciales del ciclo de vida de estas plantas podrían ser un "cuello de botella" para formar poblaciones estables y expandir su área de distribución. Se sugiere, por lo tanto, que las limitaciones se encontrarían en los primeros años de vida, y que este estadío temprano sería una etapa muy vulnerable en la vida de estas especies. Esto concuerda con trabajos realizados en sabanas en Sudáfrica, donde se indicó que la cobertura arbórea está limitada principalmente por el cuello demográfico al reclutamiento, especialmente el crecimiento de plántulas hasta el tamaño de árbol maduro (Bond & Van Wilgen, 1996; Scholes & Archer, 1997). Por su parte, los resultados obtenidos por Enrico y colaboradores (2004), pusieron de manifiesto la presencia de diferentes filtros en la regeneración de *Polylepis australis*, siendo considerada como la etapa filtro crucial la transición de semilla a plántula, tanto en bosquecillos como en arbustales de las Sierras Grandes de Córdoba. Entre las causas limitantes en esta etapa podrían encontrarse los factores bióticos y abióticos, agravados por estrés hídrico e inviernos rigurosos con ocurrencia de heladas.

La herbivoría por ganado doméstico en ambas especies representativas del Bosque Serrano no modificó significativamente el patrón de supervivencia descripto, tanto a campo como en laboratorio. Estos resultados concuerdan con el estudio realizado por Torres (2011), quien no observó efecto negativo de la ganadería sobre la supervivencia de plántulas de estas especies, aunque indicó que la exclusión del ganado puede ser necesaria para promover el crecimiento de las plántulas. Sin embargo, en los renovales sometidos al 100% de corte, se registró una disminución en los valores de todas las variables de crecimiento. En *P. australis*, por su parte, en el experimento de simulación de la herbivoría en laboratorio, se evidenció una disminución de más del 60% de los renovales sometidos al corte total de su biomasa aérea, con respecto al control y al tratamiento de 25% de remoción. Esto concuerda con evidencias reportadas para el área de estudio, que indican que el ganado doméstico reduce la supervivencia de las plántulas (Teich *et al.*, 2005; Giorgis *et al.*, 2010; Renison *et al.*, 2011; Marcora, 2011; Marcora *et al.*, 2013). No obstante, Renison y colaboradores (2015) encontraron que el efecto del ganado sobre el establecimiento temprano de *P. australis* fue relativamente bajo, siendo evidente sólo para los sitios de valle, mientras que la presencia de ganado se volvió consistentemente negativa en etapas posteriores del ciclo de vida de esta especie.

Resulta importante destacar que en todos los casos, luego del corte de la biomasa aérea, los renovales mostraron una gran capacidad de rebrote. Esta apreciación concuerda con Gurvich y colaboradores (2005) y Barchuk y colaboradores (2006a), quienes indicaron que las especies nativas poseen una alta capacidad para rebrotar después de la remoción de la biomasa aérea. La capacidad de rebrote observada en las tres especies puede desempeñar un papel relevante en la persistencia de los individuos tras perturbaciones como la herbivoría intensa u otras condiciones adversas. Asimismo, Torres (2011) indicó que una vez que las plántulas de *L. molleoides* y *R. apetala* se han establecido, son menos vulnerables, alcanzando una supervivencia mayor al 50%, demostrando una gran capacidad para persistir a pesar del ramoneo del ganado y la muerte del tallo principal después de cada invierno. En relación a este tema, Bond & Midgley (2001) sugirieron que sería la persistencia y no la regeneración, la estrategia que posiblemente tenga mayor influencia sobre la dinámica del bosque, dado que los rebrotes tienen mayores tasas de crecimiento y madurez reproductiva más temprana. Los resultados obtenidos por Barchuk y colaboradores (2006) indicarían que la remoción de la parte aérea estimula la longitud de la raíz en la mayoría de las especies que rebrotan, lo cual permitiría la supervivencia en ambientes con estrés o perturbaciones. En base a la literatura, en la cual se indica que la capacidad de rebrotar podría ser de gran importancia para persistir en la comunidad (Del Tredici, 2001; Bond & Midgley, 2001), y dado que las especies estudiadas aquí se encuentran cercanas a su límite latitudinal y altitudinal de distribución, se sugiere que podrían requerir ciclos de varios años favorables para un establecimiento exitoso, dada la impredecibilidad climática que caracteriza a la zona bajo estudio (Holmgren *et al.*, 2006; Squeo *et al.*, 2007), con marcada estacionalidad en las lluvias.

Los resultados obtenidos permiten aceptar la primera hipótesis particular postulada en el capítulo introductorio, indicando que:

- La supervivencia de los renovales varió a lo largo del gradiente altitudinal asociada a las temperaturas y la posible influencia de otros factores ligados a la altitud, como la humedad. Como se esperaba, las especies propias del Bosque Serrano acusaron una disminución de la supervivencia con el aumento de la altitud. En el laboratorio, con los individuos en estudio con humedad a capacidad de campo, por el contrario, no se vio reflejada la influencia de las temperaturas sobre la supervivencia de renovales, dado que la misma fue total en las dos especies del Chaco Serrano. *Polylepis australis*, por su parte, mostró un claro patrón de sensibilidad frente a las altas temperaturas en el termo-período 35/20 °C en el laboratorio, con la consiguiente mortandad de la totalidad de los renovales.

A su vez, los resultados llevan a rechazar parcialmente la segunda hipótesis particular planteada:

- En cuanto al efecto de la herbivoría, se esperaba una reducción de la supervivencia de las tres especies y del crecimiento de las plantas de las dos especies en las cuales se realizaron mediciones (*L. molleoides* y *R. apetala*), efecto que sólo se percibió frente a un corte total de la biomasa aérea. La influencia de la herbivoría no fue significativa a lo largo del gradiente altitudinal y, por lo tanto, se rechaza la hipótesis de que la influencia simultánea del ganado en posiciones topográficas elevadas aumentaría el efecto de las condiciones climáticas

5.2. Conclusiones generales

Los resultados obtenidos en esta Tesis muestran que a lo largo de todo el gradiente altitudinal de las Sierras Grandes de Córdoba no existirían restricciones climáticas, como así tampoco una influencia de la ganadería en términos de reclutamiento y establecimiento de renovales de las especies bajo estudio; por lo tanto, la franja altitudinal desprovista de bosques en la actualidad tendría el potencial de albergar una comunidad de transición, con elementos leñosos propios del bosque serrano y de los bosquecillos de altura. Se sugiere, a su vez, que las áreas degradadas con pastizales, como ocurre en gran parte de las Sierras de Córdoba, tendrían gran potencial para el establecimiento de las especies estudiadas dentro de sus rangos óptimos de regeneración. Estos hallazgos son de gran importancia ya que se suman a resultados de otros trabajos que señalan la potencialidad de las Sierras Grandes de Córdoba de contener comunidades de bosques a lo largo de todo el gradiente altitudinal (Funes & Cabido, 2008; Giorgis *et al.*, 2011; Marcora *et al.*, 2013), y coinciden con las primeras descripciones de la vegetación serrana (Kurtz, 1904). Entonces, dado que los factores estudiados no lograron explicar totalmente la falta de bosques en la franja media del gradiente altitudinal, se exponen a continuación algunas sugerencias para la realización de trabajos a futuro.

5.3. Consideraciones finales. Futuras líneas de trabajo

A juzgar por las conclusiones de este estudio, las especies analizadas tendrían la potencialidad de crecer (y formar bosques) en la franja altitudinal intermedia, actualmente desprovista de comunidades dominadas por leñosas arbóreas, y ocupada por matorrales y pastizales. Los resultados de esta Tesis ponen de manifiesto que ni la temperatura ni la herbivoría por ganado doméstico limitarían totalmente la distribución de las especies estudiadas entre los 1.300 y 1.700 m.s.n.m. Si bien en el caso de *Lithraea molleoides* y de *Ruprechtia apetala* las plántulas encuentran dificultades para prosperar en los sectores superiores del gradiente, podrían establecerse en el espacio intermedio. Del mismo modo, a pesar de que *Polylepis australis* encuentra su óptimo por arriba de los 1.800 m.s.n.m., no tendría mayores dificultades en expandir su distribución al menos parcialmente por debajo de esa altitud. Por otra parte, la herbivoría sólo parece producir serias consecuencias en las tres especies cuando el consumo se aproxima al 100% de la biomasa aérea de las plantas, y no parece constituir un factor determinante, al menos a bajas cargas e intensidades de herbivoría. Entonces, ¿Qué factores pueden estar limitando la distribución de los bosques en el espacio ubicado entre 1.300 y 1.700 m.s.n.m.? A los factores expuestos, más sus interacciones, deberá sumarse en futuros estudios la incidencia de incendios, como así también aspectos que operan a escalas de mayor detalle como la ocurrencia de micrositios favorables para la germinación de las semillas y la supervivencia de las plántulas.

Para la realización de futuros trabajos se sugiere complementar estos ensayos con tratamientos donde se proporcione protección de las heladas durante el invierno.

A su vez, dado que el conocimiento sobre el efecto directo de la sequía sobre la mortalidad de plantas es escaso, especialmente en bosques de altura, sería importante realizar experimentos de riego, principalmente en las estaciones más secas y calientes, como la primavera y el verano. De esta manera, será factible aproximarse a comprender si la mortalidad observada en el gradiente obedece a la disponibilidad de agua o a la temperatura.

Con respecto al estudio de los efectos de la herbivoría, es probable que un experimento de mayor duración que el realizado en esta Tesis, y con mayor frecuencia de cortes simulados en la parte aérea de las plantas, permita definir mejor si existe tal tolerancia de las especies a las diferentes condiciones de temperatura y herbivoría, tanto en la etapa de plántula como en estadíos más avanzadas del ciclo de vida de las plantas. Esta sugerencia se sostiene en lo expuesto por Crawley (1997), quien indicó que el impacto de la herbivoría sobre la performance de las plantas depende de su tiempo (fenología), ubicación (el tejido atacado y cuán profundo), intensidad (cuánto se consumió) y la frecuencia (cuán seguido son atacadas las plantas). Además, Barchuk *et al.* (2006) indicaron que, si bien las especies arbóreas del Chaco tienen la capacidad de rebrotar, la remoción repetida de la biomasa puede reducir la supervivencia de las plántulas. Asimismo, se sugiere la implementación de algún método de estudio de la influencia de los insectos sobre estas especies en diferentes estadíos del ciclo de vida de las plantas, principalmente en la etapa regenerativa (semillas, plántulas).

Por otra parte, en concordancia con Bond & Midgley (2001), se sugiere la realización de estudios de este tipo sobre plantas de mayor tamaño, dado que estos estadíos tienen también gran importancia en la dinámica de los bosques. Una vez estudiadas las diferentes etapas del ciclo de vida de las leñosas nativas que se considera podrían establecerse y desarrollarse a través del gradiente completo de las Sierras Grandes de Córdoba, probablemente podría determinarse cuál es la etapa más sensible frente a los factores abióticos, así como la influencia de los factores de origen antrópico (tala, fuego, ganadería) sobre la dinámica de las poblaciones.

Finalmente, al igual que lo expresado por Renison y colaboradores (2015) se sugiere la realización de estudios de este tipo a largo plazo, dado que los mismos permitirán arribar a conclusiones más certeras de las influencias de los factores bióticos y abióticos en el comportamiento de las especies arbóreas.

BIBLIOGRAFÍA

Acosta, A.; Díaz, S.; Menghi, M. & Cabido, M. (1992) Patrones comunitarios a diferentes escalas espaciales en pastizales de las Sierras de Córdoba, Argentina. *Revista Chilena de Historia Natural*, 65: 195-207.

Aide, T.M. & Cavelier, J. (1994) Barriers to lowland tropical forest restoration in the Sierra Nevada de Santa Marta, Colombia. *Restoration Ecology*, 2 (4): 219-229.

Aide, T.M.; Zimmerman, J.K.; Rosario, M. & Marcano, H. (1996) Forest recovery in abandoned cattle pastures along an elevational gradient in the northeastern Puerto Rico. *Biotropica*, 28: 537-548.

Antúnez, I.; Retamosa, E.C. & Villar, R. (2001) Relative growth rate in phylogenetically related deciduous and evergreen woody species. *Oecologia*, 128: 172-180.

Armstrong, D.P. & Westoby, M. (1993) Seedlings from large seeds tolerate defoliation better: a test using phylogenetically independent contrasts. *Ecology*, 74: 1092-1100.

Baig, M.N. & Tranquillini, W. (1976) Studies on upper timberline: morphology and anatomy of Norway spruce (*Picea abies*) and stone pine (*Pinus cembra*) needles from various habitat conditions. *Canadian Journal of Botany*, 54: 1622-1632.

Barchuk, A.H.; Campos, E.B.; Oviedo, C. & Díaz, M.P. (2006) Supervivencia y crecimiento de plántulas de especies leñosas del Chaco Árido sometidas a remoción de la biomasa aérea. *Ecología Austral*, 16: 47-61.

Barni, E.; Bacaro, G.; Falzoi, S.; Spanna, F. & Siniscalco, C. (2012) Establishing climatic constraints shaping the distribution of alien plant species along the elevational gradient in the Alps. *Plant Ecology*, 213: 757-767.

Baskin, C.C. & Baskin, J.M. (1998) *Seeds. Ecology, biogeography & evolution of dormancy and germination*. San Diego, Academic Press.

Bell, D.; Rokich, D.; McChesney, C. & Plummer, J. (1995) Effects of temperature, light and gibberellic acid on the germination of seeds of 43 species native to Western Australia. *Journal of Vegetation Science*, 6: 797-806.

Bellingham, P.J. & Allan, C.N. (2003) Forest regeneration and the influences of whitetailed deer (*Odocoileus virginianus*) in cool temperate New Zealand rain forests. *Forest Ecology & Management*, 175: 71-86.

Bliss, L.C. (1956) A comparison of plant development in microenvironments of arctic and alpine tundra. *Ecological Monographs*, 36: 303-337.

Bianco, S.E. (1989) Estudio sobre la germinación de *Lithraea ternifolia* (Gill.) Barkley y descripción de frutos, semillas y plántulas. Tesina. CERNAR, Universidad Nacional de Córdoba.

Bolli, J.C.; Rigling, A. & Bugmann, H. (2007) The influence of changes in climate and land-use on regeneration dynamics of Norway spruce at the treeline in the Swiss Alps. *Silva Fennica*, 41: 55-70.

Bond, W.J. & van Wilgen, B.W. (1996) *Fire and plants*. Chapman & Hall, London.

Bond, W.J. & Midgley, J.J. (2001) Ecology of sprouting in woody plants: the persistence niche. *Trends in Ecology & Evolution*, 16 (1): 45-51.

Bond, W.J. (2005) Large parts of the World are brown or black: a different view on the "Green World`hyphotesis. *Journal of Vegetation Science*, 16: 261-266.

Bond, W.J.; Woodward, F.I. & Midgley, G.F. (2005) The global distribution of ecosystems in a world without fire. *New Phytologist*, 165 (2): 525-538.

Cabido, M. (1985) Las comunidades vegetales de la Pampa de Achala, Sierras de Córdoba Argentina. *Documents Phytosociologiques*, 9: 431-443.

Cabido, M. & Acosta, A. (1985a) Estudio fitosociológico en bosques de *Polylepis australis* BITT. (Tabaquillo) en las sierras de Córdoba, Argentina. *Documents Phytosociologiques*, 9: 385-400.

Cabido, M. & Acosta, A. (1985b) Variabilidad florística a lo largo de un gradiente de degradación en céspedes de la Pampa de Achala, Sierras de Córdoba, Argentina. *Documents Phytosociologiques*, 12: 289-304.

Cabido, M.; Breimer, R. & Vega, G. (1987) Plant communities and associated soil types in a high plateau of the Córdoba mountains, central Argentina. *Mountain Research & Development*, 7: 25-42.

Cabido M.; González C.; Acosta A. & Díaz S. (1993) Vegetation changes along a precipitation gradient in Central Argentina. *Plant Ecology*, 109: 5-14.

Cabido, M.; Funes, G.; Pucheta, E.; Vendramini, F. & Díaz, S. (1998) A chorological analysis of the mountains from central Argentina. Is all what we call Sierra Chaco really Chaco? *Candollea*, 53: 321-331.

Cabrera, A.L. (1976) *Regiones fitogeográficas de Argentina*. Enciclopedia Argentina de Agricultura y Jardinería, 2 (1): 1-85. 2da edición. Ed. ACME. Buenos Aires, Argentina.

Cabrera, H.M. (1996) Low temperature and altitudinal limits in plat ecosystems: species responses to cold in tropical and subtropical mountains. *Revista Chilena de Historia Natural*, 69 (3): 309-320.

Cairns, D.M. & Moen, J. (2004) Herbivory influences tree lines. *Journal of Ecology*, 92 (6): 1019-1024.

Campos, C.M.; Giannoni, S.M.; Taraborelli, P. & Borghi, C.E. (2007) Removal of mesquite seeds by small rodents in the Monte Desert, Argentina. *Journal of Arid Environments*, 69: 228-236.

Campos, M.C.; Peco, B.; Campos, V.E.; Malo, J.E.; Giannoni, S.M. & Suárez, F. (2008) Endozoochory by native and exotic herbivores in dry areas: consequences for germination and survival of Prosopis seeds. *Seed Science Research*, 18: 91-100.

Cárdenas, C.G. & Lusk, C.H. (2002) Juvenile height growth rates and sorting of three Nothofagus species on an altitudinal gradient. *Gayana Botánica*, 59, 1: 21-25.

Castro, J.; Zamora, R.; Hódar, J.A. & Gómez, J.M. (2004) Seedling establishment of a boreal tree species (*Pinus sylvestris*) at its southernmost distribution limits: Consequences of being in a marginal Mediterranean habitat. *Journal of Ecology*, 92: 266-277.

Cavelier, J.; Aide, T,M.; Santos, C.; Eusse, A.M. & Dupuy, J.M. (1998) The savannization of moist forests in the Sierra Nevada de Santa Marta, Colombia. *Journal of Biogeography*, 25: 901-912.

Cavieres, L.A. & Piper, F.I. (2004) Determinantes ecofisiológicos del límite altitudinal de bosques. En: Cabrera, H.M. (ed.). *Fisiología ecológica en plantas*, 221-234. Valparaíso (Chile).

Cavieres, L.A.; Badano, E.I.; Sierra-Almeida, A.; Gómez-González, S. & Molina-Montenegro, M.A. (2006) Positive interactions between alpine plant species and the nurse cushion plant Laretia acaulis do not increase with elevation in the Andes of central Chile. *New Phytologist*, 169 (1): 59-69.

Chabot, B.F. & Hicks, D.J. (1982) The ecology of leaf life spans. *Annual Review of Ecology & Systematics*, 13: 229-259.

Cierjacks, A.; Rühr, N.K.; Wesche, K. & Hensen, I. (2008a) Effect of altitude and livestock on the regeneration of two tree line forming *Polylepis* species in Ecuador. *Plant Ecology*, 194 (2): 207-221.

Cierjacks, A.; Salgado, S.; Wesche, K. & Hensen, I. (2008b) Post-Fire Population Dynamics of Two Tree Species in High-Altitude Polylepis Forests of Central Ecuador. *Biotropica*, 40 (2): 176-182.

Cingolani, A. M.; Cabido, M.; Renison, D. & Solís Neffa, V. (2003) Combined effects of environment and grazing on vegetation structure in Argentine granite grasslands. *Journal of Vegetation Science*, 14: 223-232.

Cingolani, A. M.; Renison, D.; Zak, M.R. & Cabido, M.R. (2004) Mapping vegetation in a heterogeneous mountain rangeland using landsat data: an alternative method to define and classify land-cover units. *Remote Sensing of Environment*, 92: 84-97

Cingolani, A.M.; Noy-Meir, I. & Díaz, S. (2005) Grazing effects on rangeland diversity: A synthesis of contemporary models. *Ecological Applications*, 15: 757-773.

Cingolani, A.M.; Renison, D.; Tecco, P.A.; Gurvich, D.E. & Cabido, M. (2008) Predicting cover types in a mountain range with long evolutionary grazing history: a GIS approach. *Journal of Biogeography*, 35: 538-551.

Cingolani, A.M.; Vaieretti, M.V.; Giorgis, M.A.; La Torre, N.; Whitworth-Hulse, J.I. & Renison, D. (2013) Can livestock and fires convert the sub-tropical mountain rangelands of central Argentina into a rocky desert? *The Rangeland Journal*, 35: 285-297.

Cingolani, A.M.; Vaieretti, M.V.; Giorgis, M.A.; Poca, M.; Tecco, P.A. & Gurvich, D.E. (2014) Can livestock grazing maintain landscape diversity and stability in an ecosystem that evolved with wild herbivores? *Perspectives in Plan Ecology, Evolution & Systematics*, 16: 143-153.

Connell, J.N. (1971) *On the role of natural enemies in preventing competitive exclusion in some marine animals and in rain forest*. En: Taylor, L.R. & Turner, B. (Eds.) Dynamics of populations: 298-312. Pudoc, Wageningen.

Coop, J.D.; Massatti, R.T. & Schoettle, A.W. (2010) Subalpine vegetation pattern three decades after stand-replacing fire: effects of landscape context and topography on plant community composition, tree regeneration, and diversity. *Journal of Vegetation Science*, 21 (3): 472-487.

Cornelisen, J.H.C.; Castro-Diez, P. & Hunt, R. (1996) Seedling growth, allocation and leaf attributes in a wide range of woody plant species and types. *Journal of Ecology*, 84: 755-765.

Coutsiers, C. (2006) Regeneración de *Polylepis australis* BITT. en relación a características ambientales y de uso ganadero de las Sierras Grandes de Córdoba: un enfoque experimental. Universidad Nacional de Córdoba. Tesis de grado. 25 pp.

Crawford, R.M.M. (1989) *Studies in plat survival.* Studies in Ecology, vol. 11. Blackwell Scientific Publications, Oxford, UK.

Crawley, M.J. (1997) Plant-herbivory dynamics. *Plant Ecology*. Second Edition, 401-474.

Cuevas, J. (2000) Tree recruitment at the Nothofagus pavilion alpine timberline in Tierra del Fuego, Chile. *Journal of Ecology*, 88: 840-855.

Cuevas, J. G. (2002) Episodic regeneration at the *Nothofagus pumilio* alpine timberline in Tierra del Fuego, Chile, *Journal of Ecology*, 90: 52-60.

Danby, R.K. & Hik, D.S. (2007a) Responses of white spruce (*Picea glauca*) to experimental warming at a subarctic alpine tree line. *Global Change Biology*, 13 (2): 437-451.

Danby, R.K. & Hik, D.S. (2007b) Variability, contingency and rapid change in recent subarctic alpine tree line dynamics. *Journal of Ecology*, 95 (2): 352-363.

Daniels, L.D. & Veblen, T.T. (2004) Spatiotemporal influences of climate on altitudinal treeline in northern Patagonia. *Ecology*, 85: 1284-1296.

Daubenmire, R. (1954) Alpine timberlines in the Americas and their interpretation. *Butler University Botanical Studies*, 11: 119–136.

Dawes, M.A.; Hagedorn, F.; Handa, I.T.; Streit, K.; Ekblad, A.; Rixen, C.; Körner, C. & Hättenschwiler, S. (2013) An alpine treeline in a carbon dioxide-rich world: synthesis of a nine-year free-air carbon dioxide enrichment study. *Oecologia*, 171 (3): 623-637.

Daws, M.; Burslem, D.; Crabtree, L.; Kirkman, P.; Mullins, C., *et al.* (2002) Differences in seed germination responses may promote coexistence of four sympatric *Piper* species. *Functional Ecology*, 16: 258-267.

de Villalobos, A.E. & Peláez, D.V. (2001) Influences of temperature and water stress on germination and establishment of *Prosopis caldenia* Burk. *Journal of Arid Environments*, 49: 321-328.

Del Tredici, P. (2001) Sprouting in temperate trees: a morphological and ecological review. *The Botanical Review*, 67: 121-140.

Demaio, P.; Karlin, U.O. & Medina, M. (2002) *Árboles nativos del centro de Argentina.* Editorial L.O.L.A. 210 pp.

Despland, E. & Houle, G. (1997) Climate influences on growth and reproduction of *Pinus banksiana* (Pinaceae) at the limit of the species distribution in eastern North America. *American Journal of Botany*, 84 (7): 928-937.

Di Rienzo, J.; Robledo, W.; Casanoves, F.; Balzarini, M. & González, L. (1999) *Infostat*. Versión Beta. Estadística y Biometría. Facultad de Ciencias Agropecuarias, Universidad Nacional de Córdoba.

Di Rienzo, J.A.; Casanoves, F.; Balzarini, M.G.; González, L.; Tablada, M. & Robledo, C.W. (2008) *InfoStat*. Versión 2008, Grupo InfoStat, FCA, Universidad Nacional de Córdoba, Argentina.

Díaz, S.; Bonnin, M.; Laguens, A. & Prieto, M.R. (1987) Estrategias de explotación de los recursos naturales y procesos de cambio de la vegetación en la cuenca del Río Copacabana (Dpto. Ischilín, Pcia. de Córdoba). I. Mediados del siglo XVI – mediados del siglo XIX. *Publicaciones del Instituto de Antropología (UNC) Nueva Serie*, 45: 67-131.

Díaz S.; Acosta A. & Cabido M. (1994) Community structure in montane grasslands of central Argentina in relation to land use. *Journal of Vegetation Science*, 5: 483–488.

Díaz, S.; Cabido, M. & Casanoves, F. (1998) Plant functional and environmental filters at a regional scale. *Journal of Vegetation Science*, 9: 113-122.

Díaz, S.; Cabido, M.; Zak, M.; Martínez-Carretero, E. & Aranibar, J. (1999) Plant functional traits, ecosystem structure and land-use history along a climatic gradient in central-western Argentina. *Journal of Vegetation Science*, 10: 651-660.

Do, F.; Goudiaby, V.; Gimenez, O.; Diagne, A.; Diouf, M.; Rocheteau, A. & Akpo, L. (2005) Environmental influence on canopy phenology in the dry tropics. *Forest Ecology & Management*, 215: 319-328.

Dullinger, S.; Dirnböck, T. & Grabherr, G. (2004) Modelling climate change-dirven tree line shifts: relative effects of temperature increase, dispersal and invisibility. *Journal of Ecology*, 92, 241-252.

Ellenberg, H. (1979) Man`s influence on tropical mountain ecosystems in South America. *Journal of Ecology*, 67: 401-416.

Ellenberg, H. (1988) *Vegetation Ecology of Central Europe*, 4th edn. Cambridge University Press, Cambridge.

Enrico, L.; Funes, G. & Cabido, M. (2004) Regeneration of *Polylepis australis* Bitt. in the mountains of central Argentina. *Forest Ecology & Management*, 190: 301–309.

Fenner, M. (1987) Seedlings. *New Phytologist*, 106: 35-47.

Fenner, M. & Thompson, K. (2005) *The Ecology of Seeds*. Cambridge University Press, Cambridge, U K, 32-46 pp.

Ferrari, L. (1999) Efectos de la temperatura y de pretratamientos en la germinación de *Bothriochloa laguroides* (DC.) Herter y *Chaetotropis elongata* (Kunth) Björkman. *Revista Brasileira de Sementes*, Brasília, 21(2): 84-87.

French, D.D.; Miller, G.R. & Cumming, R.P. (1997) Recent development of high-altitude *Pinus sylvestris* scrub in the northern Cairngorm Mountains, Scotland. *Biological Conservation*, 79: 133-144.

Funes, G. & Venier, P. (2006) Dormancy and germination in three *Acacia* (Fabaceae) species from central Argentina. *Seed Science Research*, 16: 77-82.

Funes, G. & Cabido, M. (2008) Relaciones florísticas y características regenerativas en *Apurimacia dolichocarpa* (Fabaceae), especie endémica del centro de Argentina. *Phytocoenologia*, 38 (1-2): 107-115.

Funes, G.; Díaz, S. & Venier, P. (2009) La temperatura como principal determinante de la germinación en especies del Chaco seco de Argentina. *Ecología Austral*, 19: 129-138.

Gamache, I. & Payette, S. (2004) Height growth response of tree line black spruce to recent climate warming across the forest-tundra of eastern Canada. *Journal of Ecology*, 92: 835-845.

Gerhardt, K. (1996) Effects of root competition and canopy openness on survival and growth of tree seedlings in a tropical seasonal dry forest. *Forest Ecology & Management*, 82: 33-48.

Giorgis, M.A.; Cingolani, A.M.; Teich, I.; Renison, D. & Hensen, I. (2010) Do *Polylepis australis* trees tolerate herbivory? Seasonal patterns of shoot growth and its consumption by livestock. *Plant Ecology*, 207: 307-319.

Giorgis, M.A. (2011) Caracterización florística y estructural del Bosque Chaqueño Serrano (Córdoba) en relación a gradientes ambientales y de uso. Tesis Doctoral. Facultad de Ciencias Exactas, Físicas y Naturales, Universidad Nacional de Córdoba.

Giorgis, M.A.; Cabido, M. & Cingolani, A.M. (2011) *Caracterización florística y estructural del Bosque Chaqueño Serrano*. Editorial Académica Española (EAE), Berlin. Pp. 138. ISBN 978-3-8443-4123-2.

Gordillo, C.E. & Lencinas, A.N. (1979) Sierras Pampeanas de Córdoba y San Luis. *Geología Regional Argentina*, 1: 577-650.

Gosling, W.; Hanselman, J.A.; Knox, C.; Valencia, B.G. & Bush, M.B. (2009) Long term drivers of change in Polylepis woodland distribution in the central Andes. *Journal of Vegetation Science*, 20 (6): 1041-1052.

Grace, J. (1977) *Plant response to wind*. Academic Press. London. 204 pp.

Grace, J. (1989) Tree lines. *Philosophical. Transactions of the Royal Society. Lond.*, 324: 233-245.

Grau, H.R. (2006) *Dinámica de Bosques en el gradiente altitudinal de las Yungas Argentinas*. Ecología y manejo de los Bosques de Argentina. Buenos Aires, Argentina, 1-30.

Gray, S.T.; Betancourt, J.L.; Jackson, S.T. & Eddy, R.G. (2006) Role of multidecadal climate variability in a range extension of Pinyon pine. *Ecology*, 87: 1124-1130.

Grubb, P.J. (1977) The maintenance of species-richness in plant communities: the importance of the regeneration niche. *Biological Reviews*, 52: 107-145.

Gurvich, D.; Enrico, L. & Cingolani, A.M. (2005) Linking plant functional traits with post-fire sprouting vigour in woody species of central Argentina. *Austral Ecology*, 30: 789-796.

Hadley, J.L. & Smith, W.K. (1990) Influence of leaf surface wax and leaf area to water content ratio on cuticular transpiration in western conifers, USA. *Canadian Journal of Forest Research*, 20 (9): 1306-1311.

Harmer, R. (2001) The effect of plant competition and simulated summer browsing by deer on tree regeneration. *Journal of Applied Ecology*, 38: 1094-1103.

Harmon, M.E.; Bratton, S.P. & White, P.S. (1984) Disturbance and vegetation response in relation to environmental gradients in the Great Smoky Mountains. *Vegetatio*, 55: 129-139.

Harper, J.L. (1977) *Population biology of plants*. Academic Press. London.

Harsch, M.A.; Hulme, P.E.; McGlone, M.S. & Duncan, R.P. (2009) Are treelines advancing? A global meta-analysis of treeline response to climate warming. *Ecology letters*, 12 (10): 1040-1049.

Herrera, M.A.; Bertrán de Solís, M.A.; Galera, F.M.; Luti, R. & Menghi, M. (1987) Incendio y pastoreo en estepas de altura de las Sierras de Córdoba. *Ecología*, 3: 95-99.

Hobbie, S.E. & Chapin III, F.S. (1998) An experimental test of limits to tree establishment in Arctic Tundra. *Journal of Ecology*, 86: 449-461

Hoch, G. & Körner, C. (2005) Growth, demography and carbon relations of *Polylepis* trees at the world`s highest treeline. *Functional Ecology*, 19: 941-951.

Hoffmann, W.A. (1999) Fire and population dynamics of woody plants in a neotropical savanna: matrix model projections. Ecology, 80: 1354-1369.

Hofgaard, A.; Løkken, J.O; Dalen, L. & Hytteborn, H. (2010) Comparing warming and grazing effects on birch growth in an alpine environment – a 10-year experiment. *Plant Ecology & Diversity*, 3 (1): 19–27.

Holmgren, M.; López, B.C.; Gutiérrez, J.R. & Squeo, F.A. (2006) Herbivory and plant growth rate determine the success of El Niño Southern Oscillation-driven tree establishment in semiarid South America. *Global Change Biology*, 12: 2263-2271.

Holtmeier, F.K. & Broll, G. (1992) The influence of tree islands and microtopography on pedoecological conditions in the forest-alpine tundra ecotone on Niwot Ridge, Colorado Front Range, USA. *Arctic & Alpine Research*, 24: 216-228.

Holtmeier, F. & Broll, G. (2005) Sensitivity and response of northern hemisphere altitudinal and polar treelines to environmental change at landscape and local scales. *Global Ecology &Biogeography*, 14: 395-410.

Houle, G. (1995) Seed dispersal and seedling recruitment: the missing link(s). *Ecoscience*, 2: 238-244.

Houle, G. (1996) Environmental filters and seedling recruitment on a coastal dune in subarctic Quebec (Canada). *Canadian Journal of Botany*, 74: 1507-1513.

Houle, G. (1998) Seed dispersal and seedling recruitment of *Betula alleghaniensis*: Spatial inconsistency in time. *Ecology*, 79 (3): 807-818.

International Seed Testing Association (1996) *International rules for seed testing*. Rules Zürich, Switzerland. pp. 335.

Janzen, D.H. (1970) Herbivores and the number of tree species in tropical forest. *American Naturalist*, 104: 501-528.

Jolly, W.M. & Running, S.W. (2004) Effects of precipitation and soil water potential drought deciduous phenology in the Kalahari. *Global Change Biology*, 10: 303-308.

Kessler, M. (1995) The genus *Polylepis* (Rosaceae) in Bolivia. *Candollea*, 50: 131-171.

Kessler, M. (2002) The "*Polylepis* problem": where do we stand. *Ecotropica*, 8 (2): 97-110.

Kessler, M. (2006) *Bosques de Polylepis*. Botánica económica de los Andes centrales, 110-120.

Kessler, M. & Schmidt-Lebuhn, A.N. (2006) Taxonomical and distributional notes on *Polylepis* (Rosaceae). *Organisms, Diversity & Evolution*, 6:67-69.

Kitajima K. & Fenner, M. (2000) *Ecology of Seedling Regeration* en *Seeds: The Ecology of Regeneration in Plant Communities*. 2nd edition. Pp. 331-359. Ed. by M. Fenner. School of Biological Sciences, University of Southampton, UK.

Kitzberger, , T.; Steinaker, D.F. & Veblen, T.T. (2000) Establishment of *Austrocedrus chilensis* in Patagonian forest-steppe ecotones: facilitation and climatic variability. *Ecology*, 81: 914-1224.

Körner, C. (1998) A re-assessment of high elevation treeline positions and their explanation. *Oecologia*, 115: 445-459

Körner, C. (1999) *Alpine plant life: functional plant ecology of high mountain ecosystems*. Springer, Berlin: 343 pp.

Körner, C. (2007) The use of 'altitude'in ecological research. *Trends in Ecology & Evolution*, 22 (11): 569-574.

Körner, C.; Paulsen, J. & Peláez-Riedl, S. (2003) A bioclimática characterisation of Europe`s alpine areas. *Alpine Biodiversity in Europe* (eds L. Nagy, G. Grabherr, C. Körner and D.B.A. Thompson), pp. 13-28. Springer, Berlin.

Körner, C. & Paulsen, J. (2004) A World-wide study of high altitude treeline temperatures. *Journal of Biogeography*, 31: 713-732

Körner, C. & Riedl, S. (2012) *Alpine treelines: functional ecology of the global high elevation tree limits*. Springer, Berlin: 231 pp.

Kramer, K.; Groen, T.A. & Van Wieren, S.E. (2003) The interacting effects of ungulates and fire on forest dynamics: an analysis using the model FORSPACE. *Forest Ecology & Management,* 181: 205-222.

Kurtz, F. (1904) Flora de Córdoba. En: Río, M.E. & Achával, L. (eds.), Geografía de la Provincia de Córdoba. Vol. 1, pp. 270-343. Compañía Sudamericana de Billetes de Banco, Buenos Aires.

Kyereh, B.; Swaine, M. & Thompson, J. (1999) Effects of light on the germination of forest trees in Ghana. *Journal of Ecology*, 87: 772-783.

Larcher, W. (2003) *Physiological Plant ecology*. Springer-Verlag. Berlin, Alemania.

Lebedeff, N. (1932) *Estudio de las condiciones naturales de la Cuenca del Río Primero para determinar la posibilidad de regularizar su régimen mediante la aforestación*. 168 pp. Dirección de Irrigación y Agropecuaria de la Provincia de Córdoba.

Lescop-Sinclair, K. & Payette, S. (1995) Recent advance of the arctic treeline along the eastern coast of Hudson Bay. *Journal of Ecology*, 83: 929-936.

Luti, R.; Bertrán de Solís, M.A.; Galera, F.M.; Müller de Ferreira, N.; Berzal, M.; Nores, M.; Herrera, M.A. & Barrera, J.C. (1979) *Vegetación*. En: Vázquez, J.B.; Miatello, R.A.; Roqué, M.E. *Geografía Física de la Provincia de Córdoba*. 297-368. Buenos Aires, Argentina.

Marcora, P.; Hensen I.; Renison, D.; Seltmann, P. & Wesche K. (2008) The performance of *Polylepis australis* trees along their entire altitudinal range: implications of climate change for their conservation. *Diversity & Distributions*, 14 (4): 630-636.

Marcora, P. (2011) Efecto de factores ambientales y antrópicos en la dinámica poblacional de los bosquecillos de *Polylepis australis* (BITT.) en las Sierras Grandes de Córdoba (Tesis doctoral inédita). Centro de Ecología y Recursos Naturales Renovables (CERNAR). Facultad de Ciencias Exactas, Físicas y Naturales. Universidad Nacional de Córdoba.

Marcora, P.I.; Renison, D.; Pais-Bosch, A.I.; Cabido, M.R. & Tecco, P.A. (2013) The effect of altitude and grazing on seedling establishment of woody species in central Argentina. *Forest Ecology & Management*, 291: 300-307.

Martijena, M. (1987) Estructura de *Lithraea ternifolia* en la cuenca del arroyo Vaquerías. FCEFyN, UNC. Seminarios I y II de la carrera de Cs. Biológicas, 56 pp.

Martin, P.H.; Sherman, R.E. & Fahey, T.J. (2007) Tropical montane forest ecotones: climate gradients, natural disturbance, and vegetation zonation in the Cordillera Central, Dominican Republic. *Journal of Biogeography*, 34: 1792-1806.

Mazzola, M. B.; Kin, A. G.; Morici, E. F.; Babinec F. J.; Tamborini, G. (2008) Efecto del gradiente altitudinal sobre la vegetación de las sierras de Lihue Calel (La Pampa, Argentina). *Boletín de la Sociedad Argentina de Botánica*, 43 (1-2): 103-109.

Mc Laren, K.P. & Mc Donald, M.A. (2003a) The effects of moisture and shade on seed germination and seedling survival in a tropical dry forest in Jamaica. *Forest Ecology & Management*, 183: 61-75.

Moen, J.; Aune, K.; Edenius, L. & Angerbjörn, A. (2004) Potential effects of climate change on treeline position in the Swedish mountains. *Ecology & Society*, 9 (1): 16.

Morales, M.S.; Villalba, R.; Grau, H.R. & Paolini, L. (2004) Rainfall-controlled tree growth in high-elevation subtropical treelines. *Ecology*, 85 (11): 3080-3089.

Munier, A.; Hermanutz, L.; Jacobs, D. M. & Lewis, K. (2010) The interacting effects of temperature, ground disturbance, and herbivory on seedling establishment: implications for treeline advance with climate warming. *Plant Ecology*, 210: 19-30.

Myers, J.A. & Harms, K.E. (2009) Seed arrival, ecological filters, and plant species richness: a meta-analysis. *Ecology Letters*, 12: 1-11.

Norden, N.; Chazdon, R.L.; Chao, A.; Jiang, Y. & Vilchez-Alvarado, B. (2009) Resilience of tropical rain forests: tree community reassembly in secundary forests. *Ecology Letters*, 12 (5): 385-394.

Osunkoya, O.O; Ash, J.E.; Graham, A.W. & Hopkins, M.S. (1993) Growth of tree seedlings in tropical rain forests of North Queensland, Australia. *Journal of Tropical Ecology*, 9: 1-18.

Pillar, V.D. (2003) Dinamica da expansão florestal em mosaicos de floresta e campos no sul do Brasil. *En*: CLAUDINO-SALES, V. (ed.) *Ecossistemas Brasileiros: Manejo e Conservacao.* pp. 209-216. Expressao Gráfica, Fortaleza.

Pollice, J.; Marcora, P. & Renison, D. (2013) Seed production in *Polylepis australis* (Rosaceae) as influenced by tree size, livestock and interannual climate variations in the mountains of central Argentina. *New Forests*, 44 (2): 233-247.

Pons, T.L. (2000) *Seed response to light in seeds: The ecology of regeneration in plant communities.* 2nd edition. Ed by M. Fenner. pp. 237-260. School of Biological Sciences, University of Southampton, UK.

Prasad, P.V.V.; Boote, K.J.; Thomas, M.G.; Allen Jr, L.H. & Gorbet, D.W. (2006) Influence of soil temperature on seedling emergence and early growth of peanut cultivars in field conditions. *Journal of Agronomy & Crop Science*, 192: 168-177.

Pregitzer, K.S.; King, J.S.; Andrew, J.B. & Brown, E. (2000) Responses of tree fine roots to temperature. *New Phytologist*, 147: 105-115.

Probert, R.J. (2000) *The role of temperature in the regulation of seed dormancy and germination en Seeds: : The ecology of regeneration in plant communities.* 2nd edition. Ed. by M. Fenner. School of Biological Sciences, University of Southampton, UK.

Pucheta, E. & Cabido, M. (1992) Comunidades de pastizales serranos del centro de Argentina y su relación con el uso pastoril. *Phytocoenologia*, 21 (3): 333-346.

Pucheta, E.; Cabido, M. & Díaz, S. (1997). Modelos de estados y transiciones para los pastizales de altura de las Sierras de Córdoba, Argentina. *Ecotropicos*, 10: 151-160.

Pucheta, E.; Vendramini, F.; Cabido, M. & Díaz, S. (1998) Estructura y funcionamiento de un pastizal de montaña bajo pastoreo y su respuesta luego de su exclusión. *Revista de la Facultad de Agronomía*, 103: 77-92.

Quero, J.L.; Villar, R.; Marañón, T.; Murillo, A. & Zamora, R. (2008) Respuesta plástica a la luz y al agua en cuatro especies mediterráneas del género *Quercus* (Fagaceae). *Revista Chilena de Historia Natural*, 81: 373-385.

Rada, F.; Azócar, A.; Briceño, B.; González, J. & García-Núñez, C. (1996) Carbon and water balance in *Polylepis sericea*, a tropical treeline species. *Trees*, 10: 218-222.

Rada, F.; García-Núñez, C.; Boero, C.; Gallardo, M.; Hilal, M.; González, J.; Prado, F.; Liberman-Cruz., M. & Azócar, A. (2001) Low-temperature resistance in *Polylepis tarapacana*, a tree growing at the highest altitudes in the World. *Plant, Cell & Environment*, 24: 377-381.

Rees, M. (1997) *Seed dormancy – In*: CRAWLEY, M. (Ed.): Plant Ecology – Blackwell Science, London, pp. 214-238.

Reich, P.B.; Walters, M.B. & Ellsworth, D.S. (1992) Leaf life-span in relation to leaf, plant, and stand characteristics among diverse ecosystems. *Ecological Monographs*, 62: 365-392.

Reich, P.B.; Tjoelker, M.G.; Walters, M.B.; Vanderklein, D.W. & Buschena, C. (1998) Close association of RGR, leaf and root morphology, seed mass and shade tolerance in seedlings of nine boreal tree species grown in high and low light. *Functional Ecology*, 12: 327-338.

Renison, D. & Cingolani, A.M. (1998) Experiencias en germinación y reproducción vegetativa aplicados a la reforestación con *Polylepis australis* (Rosaceae) en las Sierras Grandes de Córdoba, Argentina. *AgriScientia*, 15: 47-53.

Renison D.; Cingolani, A.M. & Suárez, R. (2002) Efectos del fuego sobre un bosquecillo de Polylepis australis (Rosaceae) en las montañas de Córdoba, Argentina. *Revista Chilena de Historia Natural*, 75 (4): 719-727.

Renison, D.; Hensen, I. & Cingolani, A.M. (2004) Anthropogenic soil degradation affects seed viability in *Polylepis australis* mountain forests of central Argentina. *Forest Ecology & Management*, 196 (2): 327-333.

Renison, D.; Cingolani, A.M.; Suárez, R.; Menoyo, E.; Coutsiers, C.; Sobral, A. & Hensen, I. (2005) The restoration of degraded mountain woodlands: effects of seed provenance and microsite characteristics on *Polylepis australis* seedling survival and growth in Central Argentina. *Restoration Ecology*, 13 (1): 129-137.

Renison, D.; Hensen, I.; Suárez, R. & Cingolani, A.M. (2006). Cover and growth habit of Polylepis woodlands and shrublands in the mountains of central Argentina: human or environmental influence? *Journal of Biogeography*, 33 (5): 876-887.

Renison, D; Hensen, I. ; Suárez, R.; Cingolani, A.M.; Marcora, P. & Giorgis, M. (2010) Soil conservation in *Polylepis* mountain forests of Central Argentina: Is livestock reducing our natural capital? *Austral Ecology*, 35 (4): 435-443.

Renison, D; Hensen, I. & Suárez, R. (2011) Landscape structural complexity of high-mountain *Polylepis australis* forests: A new aspect of restoration goals. *Restoration Ecology*, 19 (3): 390-398.

Renison, D.; Cuyckens, G.A.; Pacheco, S.; Guzmán, G.F.; Grau, H.R.; Marcora, P.; Robledo, G.; Cingolani, A.M.; Domínguez, J.; Landi, M.; Bellis, L. & Hensen, I. (2013) Distribución y estado de conservación de las poblaciones de árboles y arbustos del género Polylepis (Rosaceae) en las montañas de Argentina. *Ecología Austral*, 23 (1): 27-36.

Renison, D.; Chartier, M.P.; Menghi, M.; Marcora, P.I.; Torres, R.C.; Giorgis, M.; Hensen, I. & Cingolani, A.M. (2015) Spatial variation in tree demography associated to domestic herbivores and topography: Insights from a seedling and planting experiment. *Forest Ecology & Management*, 335: 139-146.

Sakai, A. & Larcher, W. (1987) *Frost survival of plants. Responses and adaptation to freezing stress*. Ecological Studies 62. Springer, Berlin.

Sánchez-Gómez, D.; Zavala, M.A. & Valladares, F. (2008) Functional traits and plasticity linked to seedlings' performance Ander shade and drought in Mediterranean woody species. *Annals of Forest Science*, 65 (3): 1.

Scholes, R.J. & Archer, S.R. (1997) Tree-grass interactions in savannas. *Annual Review of Ecology & Systematics*, 28: 517-544.

Schupp, E.W. (1995) Seed-seedling conflicts, habitat Choice, and patterns of early recruitment. *American Journal of Botany*, 82: 399-409.

Seltmann, P., Leyer, I.; Renison, D. & Hensen, I. (2007) Variation of seed mass and its effects on germination in *Polylepis australis*: implications for seed collection. *New Forest*, 33: 171-181.

Sherman, R.E.; Martin, P.H.; Fahey, T.J. & Degloria, S.D. (2008) Fire and vegetation dynamics in high-elevation Neotropical Montane Forests of the Dominican Republic. *Ambio: A Journal of the Human Environment*, 37: 7-8.

Speed, J.D.M.; Aurstrheim, G. ; Hester, A. & Mystered, A. (2010) Experimental evidence for herbivory limitation of the treeline. *Ecology*, 91 (11): 3414-3420.

Speed, J.D.M.; Austrheim, G.; Hester, A.J. & Mysterud, A. (2011) Growth limitation of mountain birch caused by sheep browsing at the altitudinal treeline. *Forest Ecology & Management*, 261: 1344-1352.

Speed, J.D.M.; Austrheim, G.; Hester, A.J. & Mysterud, A. (2012) Elevational advance of alpine plat communities is buffered by herbivory. *Journal of Vegetation Science*, 23: 617-625.

Squeo, F.A.; Holmgren, M.; Jiménez, M.; Albán, L.; Reyes, J. & Gutiérrez, J.R. (2007) Tree establishment along an ENSO experimental gradient in the Atacama desert. *Journal of Vegetation Science*, 18: 195-202.

Stevens, G.C. & Fox, J. (1991) The causes of treeline. *Annual Review of Ecology & Systematics*, 22: 177-191.

Stewart, A.J.A.; John, E.A. & Hutchings, M.J. (2000) *The world is heterogeneous: ecological consequences of living in a patchy environment*. In: *The Ecological Consequences of Environmental Heterogeneity* (eds. Hutchings M.J., John, E.A. & Stewart, A.J.A.). Cambridge University Press.

Streit, K.; Siegwolf, R.T.; Hagedorn, F.; Schaub, M. & Buchmann, N. (2014) Lack of photosynthetic or stomatal regulation after 9 years of elevated [CO2] and 4 years of soil warming in two conifer species at the alpine treeline. *Plant, Cell & Environment*, 37 (2): 315-326.

Susko, D.J. & Lovett-Doust, L. (2000) Patterns of seed mass variation and their effects on seedling traits in *Alliaria petiolata* (Brassicaceae). *American Journal of Botany*, 87: 56-66.

Sveinbjornsson, B. (1992) *Arctic treeline in a changing climate. Arctic Ecosystems in a Changing Climate: An Ecophysiological Perspective* (eds. F.S. Chapin III, R.L. Jefferies, J.F. Reynolds, G.R. Shaver & J. Svoboda), pp. 239-256. Academic Press, San Diego, CA.

Teich, I.; Cingolani, A.M.; Renison, D.; Hensen, I. & Giorgis, M. (2005) Do domestic herbivores retard *Polylepis australis* woodland recovery in the mountains of Córdoba, Argentina? *Forest Ecology & Management*, 219 (2): 229–241.

Tercero-Bucardo, N.; Kitzberger, T.; Veblen, T.T., & Raffaele, E. (2007) A field experiment on climatic and herbivore impacts on post-fire tree regeneration in north-western Patagonia. *Journal of Ecology*, 95 (4): 771-779.

Terzaga, A. (1963) *Geografía de Córdoba: reseña física y humana*. República Argentina, Editorial Assandri.

Torres, R.C.; Renison, D.; Hensen, I.; Suárez, R. & Enrico, L. (2008) *Polylepis australis*' regeneration niche in relation to seed dispersal, site characteristics and livestock density. *Forest Ecology & Management,* 254 (2): 255-260.

Torres, R.C. (2011) Efectos de la degradación del bosque serrano cordobés sobre la capacidad de regeneración natural y asistida de tres especies arbóreas de estadios maduros (Tesis doctoral inédita). Centro de Ecología y Recursos Naturales Renovables (CERNAR). Facultad de Ciencias Exactas, Físicas y Naturales. Universidad Nacional de Córdoba.

Torres, R.C.; Giorgis, M.A.; Trillo, C.; Volkmann, L.; Demaio, P.; Heredia, J. & Renison, D. (2013) Post-fire recovery occurs overwhelmingly by resprouting in the Chaco Serrano forest of Central Argentina. *Austral Ecology*, 39 (3): 346-354.

Tranquillini, W. (1979) *Physiological ecology of the alpine timberline. Tree existence at high altitudes with special references to the European Alps*. Ecological Studies 31. Springer, Berlin.

Turner, S.R.; Merritt, D.J.; Baskin, C.C.; Dixon, K.W. & Baskin, J.M. (2005) Physical dormancy in seeds of six genera of Australian *Rhammaceae*. *Seed Science Research*, 15: 51-58.

Valladares, F.; Peñuelas, J. & de Luis Calabuig, E. (2005) Impactos sobre los ecosistemas terrestres. *Evaluación preliminar de los impactos en España por efecto del cambio climático*, 65-112.

Vandermeer, J.H. & Goldberg, D.E. (2003) *Population Ecology: first principles*. Princeton University Press, Princeton, NJ.

Vázquez-Yanes, C.; Orozco-Segovia, A.; Rincón, E.; Sánchez- Coronado, M.; Huante, P., *et al.* (1990) Light beneath the litter in a tropical forest: Effect on seed germination. *Ecology*, 71: 1952-1958.

Veblen, T.T; Kitzberger, T. & Lara, A. (1992) Disturbance and forest dynamics along a transect from Andean rainforest to Patagonian shrubland. *Journal of Vegetation Science*, 3: 507-520.

Veblen, T.T.; Kitzberger, T. & Villalba, R. (2005) Nuevos paradigmas en ecología y su influencia sobre el conocimiento de la dinámica de los bosques del sur de Argentina y Chile. *Ecología y Manejo de Bosques de Argentina. Editorial de la Universidad Nacional de La Plata, La Plata, Argentina*, 1-48.

Verzino, G.; Joseau, J.; Díaz, M.P. & Dorado, M. (2004) Comportamiento inicial de especies nativas del Chaco Occidental en plantaciones en zonas de pastizales de altura de las Sierras de Córdoba, Argentina. *Bosque*, 25 (1): 53-67.

Vieira, D.L.M. & Scariot, A. (2006) Principles of natural regeneration of tropical dry forests for restoration. *Restoration Ecology*, 14: 11-20.

Villalba, R. & Veblen, T.T. (1998) Influences of large-scale climatic variability on episodic tree mortality in Northern Patagonia. *Ecology*, 79: 2624-2640.

Villagra, P.E. & Cavagnaro, J.B. (2000) Effects of clayish and sandy soils on the growth of *Prosopis argentina* and *P. alpataco* seedlings. *Ecología Austral*, 10: 113-121.

Villar, R.; Held, A.A. & Merino, J. (1995) Dark leaf respiration in light and darkness of an evergreen and a deciduous plant species. *Plant Physiology*, 107: 421-427.

Villar, R.; Ruíz-Robleto, J.; Quero, J.L.; Poorter, H.; Valladares, F. & Marañón, T. (2004) Tasas de crecimiento en especies leñosas: aspectos funcionales e implicancias ecológicas. En: Valladares, F. (2004) *Ecología del bosque mediterráneo en un mundo cambiante*. Pp. 191-227. Ministerio de Medio Ambiente, EGRAF, S.A., Madrid.

Vitasse, Y.; Lenz, A.; Kollas, C.; Randin, C.F.; Hoch, G. & Körner, C. (2013) Genetic vs. non-genetic responses of leaf morphology and growth to elevation in temperate tree species. *Functional Ecology*, 28 (1): 243-252.

Vittoz, P.; Rulence, B.; Largey, T. & Frelechoux, F. (2008) Effects of climate and land-use change on the establishment and growth of Cembran pine (*Pinus cembra* L.) over the altitudinal treeline ecotone in the Central Swiss Alps. *Arctic, Antarctict, & Alpine Research*, 40: 225-232.

Wassie, A.; Sterck, F.J.; Teketay, D. & Bongers, F. (2009) Effects of livestock exclusion on tree regeneration in church forests of Ethiopia. *Forest Ecology & Management*, 257 (3): 765-772.

Wiens, J.A. (2000) *Ecological heterogeneity: an ontogeny of concepts and approaches*. In: *The Ecological consequences of Environmental heterogeneity* (eds. Hutchings MJ, EA John y AJA Stewart). Cambridge University Press.

Young, K.R. (1993) Tropical treelines: Changes in forest structure and regeneration between two Peruvian timberline margins. *Arctic & Alpine Research*, 25: 167-174.

Zak, M.R. & Cabido, M. (2002) Spatial patterns of the Chaco vegetation of central Argentina: integration of remote sensing and phytosociology. *Applied Vegetation Science*, 5: 213-226.

Zak, M.R.; Cabido, M. & Hodgson, J.G. (2004) Do subtropical seasonal forests in the Gran Chaco, Argentina, have a future? *Biological Conservation*, 120 (4): 589-598.

Zimmermann, H; Renison, D.; Leyer, V.; Hensen, I. (2009) Do we need livestock grazing to promote *Polylepis australis* tree recruitment in the Central Argentinean Mountains? *Ecology Restoration*, 24: 1075-1081.

Pais Bosch, A.I.; Tecco, P.A.; Funes, G. & Cabido, M. (2012) Efecto de la temperatura en la regeneración de especies leñosas del Chaco Serrano e implicancias en la distribución actual y potencial de bosques.
The effect of temperature in the regeneration of Mountain Chaco woody species and implications on the current and potential distribution of forests. *Boletín de la Sociedad Argentina de Botánica*, 47: 401-410.

Esta publicación incluye los resultados presentados en el capítulo III de la Tesis.

APÉNDICES

APÉNDICE 1

Tabla 1. Resultados del análisis estadístico realizado mediante Modelos Lineales Generales y Mixtos (MLGs) y DGC ($p<0{,}05$) como test *a posteriori* para el establecimiento de *Ruprechtia apetala*, expresado como arco seno de la raíz cuadrada de la proporción de plántulas al final de la estación de crecimiento (Marzo 2010), en los siete niveles altitudinales en las Sierras Grandes de Córdoba.

Ruprechtia apetala

Variable dependiente: Arco.Seno de la raíz cuadrada de la proporción

Medidas de ajuste del modelo

N	AIC	BIC	logLik	Sigma	R2_0
21	-26,06	-20,94	21,03	0,04	0,45

AIC y BIC menores implica mejor

Pruebas de hipótesis marginales (SC tipo III)

	numDF	F-value	p-value
(Intercept)	1	4,1	0,0623
Altitud	6	1,88	0,1559

Efectos fijos

	Value	Std.Error	t-value	p-value
(Intercept)	0,05	0,02	1,97	0,0684
Altitud2	-0,05	0,03	-1,4	0,1845
Altitud3	0,03	0,03	1	0,3356
Altitud4	-0,05	0,03	-1,4	0,1845
Altitud5	-0,05	0,03	-1,4	0,1845
Altitud6	-0,05	0,03	-1,4	0,1845
Altitud7	-0,05	0,03	-1,4	0,1845

Arco.Seno - Medias ajustadas y errores estándares para Altitud
DGC (Alfa=0.05)
Procedimiento de corrección de p-valores: No

Altitud	Medias	E.E.		
3	0,08	0,02	A	
1	0,05	0,02	A	
7	0	0,02		B
6	0	0,02		B
5	0	0,02		B
4	0	0,02		B
2	0	0,02		B

Medias con una letra común no son significativamente diferentes (p > 0,05)

Tabla 2. Resultados del análisis estadístico realizado mediante Modelos Lineales Generales y Mixtos (MLGs) y DGC ($p<0,05$) como test *a posteriori* para el establecimiento de *Lithraea molleoides*, expresado como arco seno de la raíz cuadrada de la proporción de plántulas al final de la estación de crecimiento (Marzo 2010), en los siete niveles altitudinales en las Sierras Grandes de Córdoba.

Lithraea molleoides

Variable dependiente: Arco.Seno de la raíz cuadrada de la proporción

Medidas de ajuste del modelo

N	AIC	BIC	logLik	Sigma	R2_0
21	3,17	8,29	6,41	0,12	0,72

AIC y BIC menores implica mejor

Pruebas de hipótesis marginales (SC tipo III)

	numDF	F-value	p-value
(Intercept)	1	58,33	<0,0001
Altitud	6	5,88	0,003

Efectos fijos

	Value	Std.Error	t-value	p-value
(Intercept)	0,28	0,07	4,12	0,001
Altitud2	0,16	0,09	1,65	0,1212
Altitud3	-0,13	0,09	-1,37	0,1925
Altitud4	-0,28	0,09	-2,91	0,0113
Altitud5	-0,22	0,09	-2,32	0,0362
Altitud6	-0,19	0,09	-1,97	0,0695
Altitud7	0,08	0,09	0,81	0,4329

Arco.Seno - Medias ajustadas y errores estándares para Altitud
DGC (Alfa=0.05)
Procedimiento de corrección de p-valores: No

Altitud	Medias	E.E.		
2	0,43	0,07	A	
7	0,35	0,07	A	
1	0,28	0,07	A	
3	0,15	0,07		B
6	0,09	0,07		B
5	0,06	0,07		B
4	0	0,07		B

Medias con una letra común no son significativamente diferentes (p > 0,05)

Tabla 3. Resultados del análisis estadístico realizado mediante Modelos Lineales Generales y Mixtos (MLGs) y DGC (p<0,05) como test *a posteriori* para el establecimiento de *Polylepis australis*, expresado como arco seno de la raíz cuadrada de la proporción de plántulas al final de la estación de crecimiento (Marzo 2010), en los siete niveles altitudinales en las Sierras Grandes de Córdoba.

Polylepis australis

Variable dependiente: Arco.Seno de la raíz cuadrada de la proporción

Medidas de ajuste del modelo

N	AIC	BIC	logLik	Sigma	R2_0
21	-14,23	-9,12	15,12	0,06	0,81

AIC y BIC menores implica mejor

Pruebas de hipótesis marginales (SC tipo III)

	numDF	F-value	p-value
(Intercept)	1	105,54	<0,0001
Altitud	6	10,08	0,0002

Efectos fijos

	Value	Std.Error	t-value	p-value
(Intercept)	0	0,04	0	>0,9999
Altitud2	0,16	0,05	3,14	0,0073
Altitud3	0,13	0,05	2,48	0,0263
Altitud4	0,04	0,05	0,78	0,4458
Altitud5	0,08	0,05	1,57	0,139
Altitud6	0,26	0,05	5,03	0,0002
Altitud7	0,32	0,05	6,21	<0,0001

Arco.Seno - Medias ajustadas y errores estándares para Altitud
DGC (Alfa=0.05)
Procedimiento de corrección de p-valores: No

Altitud	Medias	E.E.		
7	0,32	0,04	A	
6	0,26	0,04	A	
2	0,16	0,04		B
3	0,13	0,04		B
5	0,08	0,04		B
4	0,04	0,04		B
1	0	0,04		B

Medias con una letra común no son significativamente diferentes (p > 0,05)

APÉNDICE 2

Tabla 1. Resultados del análisis estadístico realizado con Modelos Lineales Generales y Mixtos (MLGs) y DGC (p<0,05) como test *a posteriori* para la interacción de la altitud y la herbivoría (0=sin herbivoría; 1=con herbivoría) sobre la supervivencia de renovales de *Lithraea molleoides*. Los resultados se presentan como arco seno de la raíz cuadrada de la proporción de renovales, por fecha de muestreo a lo largo del gradiente altitudinal de las Sierras Grandes de Córdoba: A) Febrero 2010; B) Abril 2010; C) Julio 2010; D) Diciembre 2010. El programa no pudo estimar el modelo de Abril de 2011 por falta de datos.

Modelos lineales generales y mixtos — Febrero de 2010

Variable dependiente: Supervivencia

Medidas de ajuste del modelo

N	AIC	BIC	logLik	Sigma	R2_0
42	66,28	86,26	-18,14	0,35	0,64

AIC y BIC menores implica mejor

Pruebas de hipótesis marginales (SC tipo III)

	numDF	F-value	p-value
(Intercept)	1	222,45	<0,0001
Altitud	6	5,95	0,0004
Herbivoria	1	0,96	0,3359
Altitud:Herbivoria	6	2,22	0,0709

Efectos fijos

	Value	Std.Error	t-value	p-value
(Intercept)	0,35	0,2	1,71	0,0986
Altitud2	0,81	0,29	2,81	0,0089
Altitud3	1,12	0,29	3,89	0,0006
Altitud4	0,73	0,29	2,56	0,0163
Altitud5	-0,13	0,29	-0,46	0,6458
Altitud6	1,01	0,29	3,52	0,0015
Altitud7	0,07	0,29	0,26	0,8002
HerbivoriaFuera	0,14	0,29	0,5	0,6213
Altitud2:HerbivoriaFuera	-0,61	0,41	-1,51	0,1419
Altitud3:HerbivoriaFuera	-0,66	0,41	-1,63	0,1133
Altitud4:HerbivoriaFuera	-0,67	0,41	-1,64	0,1116
Altitud5:HerbivoriaFuera	0,44	0,41	1,08	0,2875
Altitud6:HerbivoriaFuera	-0,28	0,41	-0,68	0,501
Altitud7:HerbivoriaFuera	0,03	0,41	0,08	0,9351

Supervivencia - Medias ajustadas y errores estándares para Altitud

Altitud	Medias	E.E.		
6	1,29	0,14	A	
3	1,2	0,14	A	
2	0,92	0,14	A	

4	0,82	0,14	A	
7	0,51	0,14		B
5	0,51	0,14		B
1	0,42	0,14		B

Medias con una letra común no son significativamente diferentes (p > 0,05)

Supervivencia - Medias ajustadas y errores estándares para Herbivoria

Herbivoria	Medias	E.E.		
Adentro	0,86	0,08	A	
Fuera	0,76	0,08		B

Medias con una letra común no son significativamente diferentes (p > 0,05)

Supervivencia - Medias ajustadas y errores estándares para Altitud*Herbivoria

Altitud	Herbivoria	Medias	E.E.		
3	Adentro	1,46	0,2	A	
6	Adentro	1,36	0,2	A	
6	Fuera	1,22	0,2	A	
2	Adentro	1,15	0,2	A	
4	Adentro	1,08	0,2	A	
3	Fuera	0,94	0,2	A	
5	Fuera	0,8	0,2	A	
2	Fuera	0,68	0,2		B
7	Fuera	0,6	0,2		B
4	Fuera	0,56	0,2		B
1	Fuera	0,49	0,2		B
7	Adentro	0,42	0,2		B
1	Adentro	0,35	0,2		B
5	Adentro	0,21	0,2		B

Medias con una letra común no son significativamente diferentes (p > 0,05)

Modelos lineales generales y mixtos — Abril de 2010

Variable dependiente: Supervivencia

Medidas de ajuste del modelo

N	AIC	BIC	logLik	Sigma	R2_0
42	56,76	76,75	-13,38	0,3	0,65

AIC y BIC menores implica mejor

Pruebas de hipótesis marginales (SC tipo III)

	numDF	F-value	p-value
(Intercept)	1	133,96	<0,0001
Altitud	6	7,53	0,0001
Herbivoria	1	1,36	0,2536
Altitud:Herbivoria	6	0,93	0,4879

Efectos fijos

	Value	Std.Error	t-value	p-value
(Intercept)	0,26	0,17	1,52	0,14
Altitud2	0,63	0,24	2,62	0,0142
Altitud3	0,75	0,24	3,1	0,0044

Altitud4	0,35	0,24	1,45	0,1594
Altitud5	-0,11	0,24	-0,44	0,6629
Altitud6	0,79	0,24	3,25	0,003
Altitud7	-0,15	0,24	-0,63	0,5316
HerbivoriaFuera	0,13	0,24	0,52	0,6049
Altitud2:HerbivoriaFuera	-0,48	0,34	-1,4	0,1719
Altitud3:HerbivoriaFuera	-0,27	0,34	-0,78	0,4426
Altitud4:HerbivoriaFuera	-0,52	0,34	-1,53	0,1376
Altitud5:HerbivoriaFuera	0,07	0,34	0,19	0,847
Altitud6:HerbivoriaFuera	-0,35	0,34	-1,02	0,3154
Altitud7:HerbivoriaFuera	-0,08	0,34	-0,23	0,8169

Supervivencia - Medias ajustadas y errores estándares para Altitud

Altitud	Medias	E.E.		
3	0,94	0,12	A	
6	0,94	0,12	A	
2	0,72	0,12	A	
4	0,41	0,12		B
1	0,32	0,12		B
5	0,25	0,12		B
7	0,13	0,12		B

Medias con una letra común no son significativamente diferentes (p > 0,05)

Supervivencia - Medias ajustadas y errores estándares para Herbivoria

Herbivoria	Medias	E.E.		
Adentro	0,58	0,06	A	
Fuera	0,48	0,06		B

Medias con una letra común no son significativamente diferentes (p > 0,05)

Supervivencia - Medias ajustadas y errores estándares para Altitud*Herbivoria

Altitud	Herbivoria	Medias	E.E.		
6	Adentro	1,05	0,17	A	
3	Adentro	1,01	0,17	A	
2	Adentro	0,89	0,17	A	
3	Fuera	0,87	0,17	A	
6	Fuera	0,82	0,17	A	
4	Adentro	0,61	0,17		B
2	Fuera	0,54	0,17		B
1	Fuera	0,39	0,17		B
5	Fuera	0,35	0,17		B
1	Adentro	0,26	0,17		B
4	Fuera	0,21	0,17		B
7	Fuera	0,15	0,17		B
5	Adentro	0,15	0,17		B
7	Adentro	0,11	0,17		B

Medias con una letra común no son significativamente diferentes (p > 0,05)

Modelos lineales generales y mixtos	Julio de 2010

Variable dependiente: Supervivencia

Medidas de ajuste del modelo

N	AIC	BIC	logLik	Sigma	R2_0
42	26,68	46,66	1,66	0,17	0,84

AIC y BIC menores implica mejor

Pruebas de hipótesis marginales (SC tipo III)

	numDF	F-value	p-value
(Intercept)	1	91,14	<0,0001
Altitud	6	22,73	<0,0001
Herbivoria	1	0,05	0,8323
Altitud:Herbivoria	6	1,12	0,3767

Efectos fijos

	Value	Std.Error	t-value	p-value
(Intercept)	0,11	0,1	1,07	0,2954
Altitud2	0,68	0,14	4,81	<0,0001
Altitud3	0,64	0,14	4,52	0,0001
Altitud4	0	0,14	0	>0,9999
Altitud5	-0,11	0,14	-0,75	0,4572
Altitud6	-0,11	0,14	-0,75	0,4572
Altitud7	-0,11	0,14	-0,75	0,4572
HerbivoriaFuera	0,15	0,14	1,08	0,2877
Altitud2:HerbivoriaFuera	-0,4	0,2	-2	0,0554
Altitud3:HerbivoriaFuera	-0,03	0,2	-0,13	0,8949
Altitud4:HerbivoriaFuera	-0,26	0,2	-1,3	0,2044
Altitud5:HerbivoriaFuera	0	0,2	0	>0,9999
Altitud6:HerbivoriaFuera	-0,15	0,2	-0,77	0,4499
Altitud7:HerbivoriaFuera	-0,15	0,2	-0,77	0,4499

Supervivencia - Medias ajustadas y errores estándares para Altitud

Altitud	Medias	E.E.		
3	0,81	0,07	A	
2	0,66	0,07	A	
1	0,18	0,07		B
5	0,08	0,07		B
4	0,05	0,07		B
6	0	0,07		B
7	0	0,07		B

Medias con una letra común no son significativamente diferentes (p > 0,05)

Supervivencia - Medias ajustadas y errores estándares para Herbivoria

Herbivoria	Medias	E.E.		
Fuera	0,26	0,04	A	
Adentro	0,25	0,04		B

Medias con una letra común no son significativamente diferentes (p > 0,05)

Supervivencia - Medias ajustadas y errores estándares para Altitud*Herbivoria

Altitud	Herbivoria	Medias	E.E.		
3	Fuera	0,87	0,1	A	
2	Adentro	0,79	0,1	A	
3	Adentro	0,75	0,1	A	

2	Fuera	0,54	0,1	A	
1	Fuera	0,26	0,1		B
5	Fuera	0,15	0,1		B
4	Adentro	0,11	0,1		B
1	Adentro	0,11	0,1		B
6	Adentro	0	0,1		B
7	Fuera	0	0,1		B
7	Adentro	0	0,1		B
6	Fuera	0	0,1		B
5	Adentro	0	0,1		B
4	Fuera	0	0,1		B

Medias con una letra común no son significativamente diferentes (p > 0,05)

Modelos lineales generales y mixtos — Diciembre de 2010

Variable dependiente: Supervivencia

Medidas de ajuste del modelo

N	AIC	BIC	logLik	Sigma	R2_0
42	1,55	21,53	14,22	0,11	0,57

AIC y BIC menores implica mejor

Pruebas de hipótesis marginales (SC tipo III)

	numDF	F-value	p-value
(Intercept)	1	6,16	0,0193
Altitud	6	6,16	0,0003
Herbivoria	1	0,09	0,7612
Altitud:Herbivoria	6	0,09	0,9964

Efectos fijos

	Value	Std.Error	t-value	p-value
(Intercept)	0	0,06	0	>0,9999
Altitud2	0	0,09	0	>0,9999
Altitud3	0,26	0,09	2,88	0,0076
Altitud4	0	0,09	0	>0,9999
Altitud5	0	0,09	0	>0,9999
Altitud6	0	0,09	0	>0,9999
Altitud7	0	0,09	0	>0,9999
HerbivoriaFuera	0	0,09	0	>0,9999
Altitud2:HerbivoriaFuera	0	0,13	0	>0,9999
Altitud3:HerbivoriaFuera	0,07	0,13	0,57	0,5705
Altitud4:HerbivoriaFuera	0	0,13	0	>0,9999
Altitud5:HerbivoriaFuera	0	0,13	0	>0,9999
Altitud6:HerbivoriaFuera	0	0,13	0	>0,9999
Altitud7:HerbivoriaFuera	0	0,13	0	>0,9999

Supervivencia - Medias ajustadas y errores estándares para Altitud

Altitud	Medias	E.E.		
3	0,3	0,05	A	
2	0	0,05		B
7	0	0,05		B

6	0	0,05		B
5	0	0,05		B
4	0	0,05		B
1	0	0,05		B

Medias con una letra común no son significativamente diferentes (p > 0,05)

Supervivencia - Medias ajustadas y errores estándares para Herbivoria

Herbivoria	Medias	E.E.		
Fuera	0,05	0,02	A	
Adentro	0,04	0,02		B

Medias con una letra común no son significativamente diferentes (p > 0,05)

Supervivencia - Medias ajustadas y errores estándares para Altitud*Herbivoria

Altitud	Herbivoria	Medias	E.E.		
3	Fuera	0,33	0,06	A	
3	Adentro	0,26	0,06	A	
6	Fuera	0	0,06		B
7	Adentro	0	0,06		B
2	Fuera	0	0,06		B
2	Adentro	0	0,06		B
4	Adentro	0	0,06		B
5	Adentro	0	0,06		B
5	Fuera	0	0,06		B
4	Fuera	0	0,06		B
1	Fuera	0	0,06		B
7	Fuera	0	0,06		B
1	Adentro	0	0,06		B
6	Adentro	0	0,06		B

Medias con una letra común no son significativamente diferentes (p > 0,05)

Tabla 2. Resultados del análisis estadístico realizado con Modelos Lineales Generales y Mixtos (MLGs) y DGC ($p<0,05$) como test *a posteriori* para la interacción de la altitud y la herbivoría (0=sin herbivoría; 1=con herbivoría) sobre la supervivencia de renovales de *Ruprechtia apetala*. Los resultados se presentan como arco seno de la raíz cuadrada de la proporción de renovales, por fecha de muestreo a lo largo del gradiente altitudinal de las Sierras Grandes de Córdoba: A) Febrero 2010; B) Abril 2010; C) Julio 2010; D) Diciembre 2010. El programa no pudo estimar el modelo de Abril de 2011 por falta de datos.

Modelos lineales generales y mixtos	Febrero de 2010

Variable dependiente: Supervivencia

Medidas de ajuste del modelo

N	AIC	BIC	logLik	Sigma	R2_0
84	125,2	158,93	-47,6	0,4	0,43

AIC y BIC menores implica mejor

Pruebas de hipótesis marginales (SC tipo III)

	numDF	F-value	p-value
(Intercept)	1	190,67	<0,0001
Altitud.m.s.n.m	6	7,38	<0,0001
Herbivoria	1	0,63	0,4292
Altitud.m.s.n.m:Herbivoria..	6	1,27	0,2814

Efectos fijos

	Value	Std.Error	t-value	p-value
(Intercept)	0,68	0,16	4,19	0,0001
Altitud.m.s.n.m2	0,29	0,23	1,27	0,2074
Altitud.m.s.n.m3	0,33	0,23	1,44	0,1547
Altitud.m.s.n.m4	-0,01	0,23	-0,02	0,9828
Altitud.m.s.n.m5	-0,33	0,23	-1,41	0,163
Altitud.m.s.n.m6	-0,07	0,23	-0,31	0,7568
Altitud.m.s.n.m7	-0,55	0,23	-2,4	0,019
HerbivoriaFuera	0,34	0,23	1,46	0,1486
Altitud.m.s.n.m2:Herbivori..	-0,75	0,33	-2,3	0,0247
Altitud.m.s.n.m3:Herbivori..	-0,29	0,33	-0,89	0,3768
Altitud.m.s.n.m4:Herbivori..	-0,64	0,33	-1,96	0,0536
Altitud.m.s.n.m5:Herbivori..	-0,21	0,33	-0,65	0,5183
Altitud.m.s.n.m6:Herbivori..	-0,54	0,33	-1,65	0,1032
Altitud.m.s.n.m7:Herbivori..	-0,41	0,33	-1,27	0,209

Arco.Seno - Medias ajustadas y errores estándares para Altitud.m.s.n.m

Altitud.m.s.n.m	Medias	E.E.			
3	1,04	0,12	A		
1	0,85	0,12	A		
2	0,77	0,12	A		
4	0,53	0,12		B	
6	0,51	0,12		B	
5	0,42	0,12		B	
7	0,09	0,12			C

Medias con una letra común no son significativamente diferentes (p > 0,05)

Arco.Seno - Medias ajustadas y errores estándares para Herbivoria

Herbivoria	Medias	E.E.		
Adentro	0,64	0,06	A	
Fuera	0,57	0,06		B

Medias con una letra común no son significativamente diferentes (p > 0,05)

Arco.Seno - Medias ajustadas y errores estándares para Altitud.m.s.n.m*Herbivoria

Altitud.m.s.n.m	Herbivoria	Medias	E.E.		
3	Fuera	1,06	0,16	A	
1	Fuera	1,02	0,16	A	
3	Adentro	1,02	0,16	A	
2	Adentro	0,98	0,16	A	
1	Adentro	0,68	0,16		B
4	Adentro	0,68	0,16		B
6	Adentro	0,61	0,16		B
2	Fuera	0,57	0,16		B
5	Fuera	0,48	0,16		B
6	Fuera	0,41	0,16		B
4	Fuera	0,38	0,16		B
5	Adentro	0,36	0,16		B
7	Adentro	0,13	0,16		B
7	Fuera	0,05	0,16		B

Medias con una letra común no son significativamente diferentes (p > 0,05)

Modelos lineales generales y mixtos — Abril de 2010

Variable dependiente: Supervivencia

Medidas de ajuste del modelo

N	AIC	BIC	logLik	Sigma	R2_0
42	31,74	51,72	-0,87	0,19	0,87

AIC y BIC menores implica mejor

Pruebas de hipótesis marginales (SC tipo III)

	numDF	F-value	p-value
(Intercept)	1	151,32	<0,0001
Altitud	6	25,53	<0,0001
Herbivoria	1	0,49	0,4899
Altitud:Herbivoria	6	4,92	0,0015

Efectos fijos

	Value	Std.Error	t-value	p-value
(Intercept)	0,39	0,11	3,53	0,0015
Altitud2	0,62	0,15	4,03	0,0004
Altitud3	0,49	0,15	3,14	0,0039
Altitud4	-0,28	0,15	-1,81	0,0813
Altitud5	-0,39	0,15	-2,5	0,0187
Altitud6	-0,39	0,15	-2,5	0,0187
Altitud7	-0,39	0,15	-2,5	0,0187

HerbivoriaFuera	0,58	0,15	3,72	0,0009
Altitud2:HerbivoriaFuera	-1,17	0,22	-5,36	<0,0001
Altitud3:HerbivoriaFuera	-0,48	0,22	-2,21	0,0357
Altitud4:HerbivoriaFuera	-0,58	0,22	-2,63	0,0136
Altitud5:HerbivoriaFuera	-0,47	0,22	-2,15	0,0407
Altitud6:HerbivoriaFuera	-0,58	0,22	-2,63	0,0136
Altitud7:HerbivoriaFuera	-0,47	0,22	-2,15	0,0407

Supervivencia - Medias ajustadas y errores estándares para Altitud

Altitud	Medias	E.E.		
3	0,92	0,08	A	
2	0,71	0,08	A	
1	0,68	0,08	A	
4	0,11	0,08		B
5	0,05	0,08		B
7	0,05	0,08		B
6	0	0,08		B

Medias con una letra común no son significativamente diferentes (p > 0,05)

Supervivencia - Medias ajustadas y errores estándares para Herbivoria

Herbivoria	Medias	E.E.		
Fuera	0,38	0,04	A	
Adentro	0,34	0,04		B

Medias con una letra común no son significativamente diferentes (p > 0,05)

Supervivencia - Medias ajustadas y errores estándares para Altitud*Herbivoria

Altitud	Herbivoria	Medias	E.E.			
2	Adentro	1,01	0,11	A		
3	Fuera	0,97	0,11	A		
1	Fuera	0,96	0,11	A		
3	Adentro	0,87	0,11	A		
2	Fuera	0,41	0,11		B	
1	Adentro	0,39	0,11		B	
7	Fuera	0,11	0,11			C
5	Fuera	0,11	0,11			C
4	Adentro	0,11	0,11			C
4	Fuera	0,11	0,11			C
5	Adentro	0	0,11			C
6	Adentro	0	0,11			C
7	Adentro	0	0,11			C
6	Fuera	0	0,11			C

Medias con una letra común no son significativamente diferentes (p > 0,05)

Modelos lineales generales y mixtos — Julio de 2010

Variable dependiente: Supervivencia

Medidas de ajuste del modelo

N	AIC	BIC	logLik	Sigma	R2_0
42	-12,25	7,74	21,12	0,09	0,3

AIC y BIC menores implica mejor

Pruebas de hipótesis marginales (SC tipo III)

	numDF	F-value	p-value
(Intercept)	1	1,94	0,1749
Altitud	6	1,94	0,1094
Herbivoria	1	0,06	0,8045
Altitud:Herbivoria	6	0,06	0,9989

Efectos fijos

	Value	Std.Error	t-value	p-value
(Intercept)	0	0,05	0	>0,9999
Altitud2	0	0,07	0	>0,9999
Altitud3	0,11	0,07	1,51	0,142
Altitud4	0	0,07	0	>0,9999
Altitud5	0	0,07	0	>0,9999
Altitud6	0	0,07	0	>0,9999
Altitud7	0	0,07	0	>0,9999
HerbivoriaFuera	0	0,07	0	>0,9999
Altitud2:HerbivoriaFuera	0	0,1	0	>0,9999
Altitud3:HerbivoriaFuera	0,05	0,1	0,47	0,6438
Altitud4:HerbivoriaFuera	0	0,1	0	>0,9999
Altitud5:HerbivoriaFuera	0	0,1	0	>0,9999
Altitud6:HerbivoriaFuera	0	0,1	0	>0,9999
Altitud7:HerbivoriaFuera	0	0,1	0	>0,9999

Supervivencia - Medias ajustadas y errores estándares para Altitud

Altitud	Medias	E.E.		
3	0,13	0,04	A	
7	0	0,04		B
6	0	0,04		B
5	0	0,04		B
4	0	0,04		B
1	0	0,04		B
2	0	0,04		B

Medias con una letra común no son significativamente diferentes (p > 0,05)

Supervivencia - Medias ajustadas y errores estándares para Herbivoria

Herbivoria	Medias	E.E.		
Fuera	0,02	0,02	A	
Adentro	0,02	0,02		B

Medias con una letra común no son significativamente diferentes (p > 0,05)

Supervivencia - Medias ajustadas y errores estándares para Altitud*Herbivoria

Altitud	Herbivoria	Medias	E.E.		
3	Fuera	0,15	0,05	A	
3	Adentro	0,11	0,05	A	
6	Adentro	0	0,05		B
7	Fuera	0	0,05		B
1	Fuera	0	0,05		B
5	Fuera	0	0,05		B
4	Adentro	0	0,05		B

4	Fuera	0	0,05		B
5	Adentro	0	0,05		B
2	Adentro	0	0,05		B
1	Adentro	0	0,05		B
2	Fuera	0	0,05		B
7	Adentro	0	0,05		B
6	Fuera	0	0,05		B

Medias con una letra común no son significativamente diferentes (p > 0,05)

Modelos lineales generales y mixtos — Diciembre de 2010

Variable dependiente: Supervivencia

Medidas de ajuste del modelo

N	AIC	BIC	logLik	Sigma	R2_0
42	-43,62	-23,64	36,81	0,05	0,32

AIC y BIC menores implica mejor

Pruebas de hipótesis marginales (SC tipo III)

	numDF	F-value	p-value
(Intercept)	1	1	0,3259
Altitud	6	1	0,4448
Herbivoria	1	1	0,3259
Altitud:Herbivoria	6	1	0,4448

Efectos fijos

	Value	Std.Error	t-value	p-value
(Intercept)	0	0,03	0	>0,9999
Altitud2	0	0,04	0	>0,9999
Altitud3	0	0,04	0	>0,9999
Altitud4	0	0,04	0	>0,9999
Altitud5	0	0,04	0	>0,9999
Altitud6	0	0,04	0	>0,9999
Altitud7	0	0,04	0	>0,9999
HerbivoriaFuera	0	0,04	0	>0,9999
Altitud2:HerbivoriaFuera	0	0,06	0	>0,9999
Altitud3:HerbivoriaFuera	0,11	0,06	1,87	0,0719
Altitud4:HerbivoriaFuera	0	0,06	0	>0,9999
Altitud5:HerbivoriaFuera	0	0,06	0	>0,9999
Altitud6:HerbivoriaFuera	0	0,06	0	>0,9999
Altitud7:HerbivoriaFuera	0	0,06	0	>0,9999

Supervivencia - Medias ajustadas y errores estándares para Altitud

Altitud	Medias	E.E.		
3	0,05	0,02	A	
7	0	0,02		B
4	0	0,02		B
6	0	0,02		B
5	0	0,02		B
1	0	0,02		B
2	0	0,02		B

Medias con una letra común no son significativamente diferentes (p > 0,05)

Supervivencia - Medias ajustadas y errores estándares para Herbivoria

Herbivoria	Medias	E.E.		
Fuera	0,02	0,01	A	
Adentro	0	0,01		B

Medias con una letra común no son significativamente diferentes (p > 0,05)

Supervivencia - Medias ajustadas y errores estándares para Altitud*Herbivoria

Altitud	Herbivoria	Medias	E.E.		
3	Fuera	0,11	0,03	A	
7	Fuera	0	0,03		B
1	Fuera	0	0,03		B
5	Fuera	0	0,03		B
6	Fuera	0	0,03		B
4	Fuera	0	0,03		B
4	Adentro	0	0,03		B
6	Adentro	0	0,03		B
5	Adentro	0	0,03		B
7	Adentro	0	0,03		B
2	Fuera	0	0,03		B
2	Adentro	0	0,03		B
1	Adentro	0	0,03		B
3	Adentro	0	0,03		B

Medias con una letra común no son significativamente diferentes (p > 0,05)

FSC
www.fsc.org
MIX
Papier | Fördert gute Waldnutzung
FSC® C083411

Kolibri 360 GmbH
Ferdinand-Jühlke-Straße 7
99095 Erfurt, Deutschland
produktsicherheit@kolibri360.de

Druck:
CPI Druckdienstleistungen GmbH
im Auftrag der
Kolibri 360 GmbH
Ferdinand-Jühlke-Str. 7
99095 Erfurt